EXAMPRESS®
工事担任者試験学習書

電気通信
教　科　書

自分で　　　　　て
合格力が身につく！

JN108148

工事担任者

第2級
デジタル通信

木下稔雅［著］

テキスト&問題集

SE
SHOEISHA

本書内容に関するお問い合わせについて

このたびは翔泳社の書籍をお買い上げいただき、誠にありがとうございます。弊社では、読者の皆様からのお問い合わせに適切に対応させていただくため、以下のガイドラインへのご協力をお願い致しております。下記項目をお読みいただき、手順に従ってお問い合わせください。

●ご質問される前に

弊社Webサイトの「正誤表」をご参照ください。これまでに判明した正誤や追加情報を掲載しています。

正誤表　https://www.shoeisha.co.jp/book/errata/

●ご質問方法

弊社Webサイトの「書籍に関するお問い合わせ」をご利用ください。

書籍に関するお問い合わせ　https://www.shoeisha.co.jp/book/qa/

インターネットをご利用でない場合は、FAXまたは郵便にて、下記"翔泳社 愛読者サービスセンター"までお問い合わせください。
電話でのご質問は、お受けしておりません。

●回答について

回答は、ご質問いただいた手段によってご返事申し上げます。ご質問の内容によっては、回答に数日ないしはそれ以上の期間を要する場合があります。

●ご質問に際してのご注意

本書の対象を越えるもの、記述箇所を特定されないもの、また読者固有の環境に起因するご質問等にはお答えできませんので、予めご了承ください。

●郵便物送付先およびFAX番号

送付先住所　〒160-0006　東京都新宿区舟町5
FAX番号　　03-5362-3818
宛先　　　　（株）翔泳社 愛読者サービスセンター

はじめに

　工事担任者は、通信事業者の通信回線を建物に配線する工事現場の監督や工事を行える免許であり、国家資格です。インターネット、IP電話等の利用が一般的な現在、工事担任者は有意義な国家資格です。

　「第二級デジタル通信」は、インターネット接続を主とした1ギガビット/秒までの回線の工事の監督や工事を行える免許です。国内の住宅や商店のほとんどが、インターネットを引き込んでいるので、「第二級デジタル通信」でカバーできる仕事の範囲は多くあります。なお、これまでの「DD3種」が、令和3年度より「第二級デジタル通信」になりました。

　本書は、DD3種の最初から令和3年度までの出題を分析・整理して出題の範囲のみをまとめました。試験問題に沿った「基礎」、「技術及び理論」、「法規」の章構成になっており、各章はステップアップで学べる内容にしています。「基礎」の計算問題の別パターンを最後の章に「電気通信技術の基礎計算問題集」としてまとめました。

　学ぶポイントは次のとおりです。

●出題されている問題の用語・公式と説明文のポイントを赤字にしました。赤字部分を中心に学んでください。

●計算問題は、公式を学びながら計算ステップを着実に進めて下さい。

●見て学ぶだけでなく、書くことで暗記や理解が深まります。

●練習問題では、同じテーマの過去問題を「類似問題」として実施回と問題番号を記載しました。インターネット等でアクセスして、活用して下さい。重複した問題は除きました。

　「第二級デジタル通信」合格を目標として執筆しました。本書を活用して、合格しましょう。

木下稔雅

工事担任者　試験ガイド

1．工事担任者とは

　工事担任者は国家資格であり、電気通信事業者の電気通信回線とビル・住宅の端末設備等との接続工事は、工事担任者が直接工事を行うか、実地で監督を行う必要があると電気通信事業法で定められています。

　資格の種類にはアナログ伝送路設備と総合デジタル通信用設備（ISDN）の工事に関する「アナログ通信」と、デジタル伝送路設備（総合デジタル通信用設備を除く）の工事に関する「デジタル通信」に大別されています。この中で、小規模な設備から順に第二級、第一級と分かれています。また、「総合通信」はアナログ通信とデジタル通信の両方の工事に対応が可能です。

表：資格の種類と工事の範囲

資格者の種類	工事の範囲
第一級アナログ通信	すべてのアナログ回線、総合デジタル通信回線
第二級アナログ通信	アナログ1回線
第一級デジタル通信	すべてのインターネット回線、デジタル回線
第二級デジタル通信	1Gbps以下のインターネット回線
総合通信	第一級アナログ通信と第一級デジタル通信の範囲

2．試験の実施について

　受験する際は、試験センターのホームページ等で最新情報を必ず確認してください。以下は、本書執筆時点での内容です。

●主催団体

　一般財団法人　日本データ通信協会　電気通信国家試験センター

　Webサイト　https://www.shiken.dekyo.or.jp/

●試験実施日

　令和3年度9月からコンピュータを使ったCBT方式により通年で受験可能となりました（年末年始を除く）。

●受験案内

　「工事担任者資格 | CBT-Solutions CBT/PBT試験 受験者ポータルサイト」から申し込みができます。

　ポータルサイト　https://cbt-s.com/examinee/examination/dekyo-koutan.html

なお、このサイトは「日本データ通信協会　電気通信国家試験センター」のWebサイトにあるリンク「CBT方式による工事担任者試験の申し込み」からもアクセスできます。

●申込手順

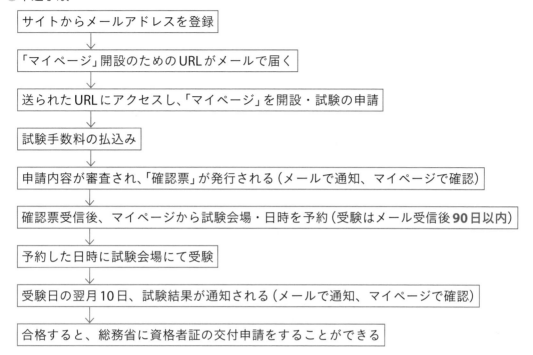

サイトからメールアドレスを登録

↓

「マイページ」開設のためのURLがメールで届く

↓

送られたURLにアクセスし、「マイページ」を開設・試験の申請

↓

試験手数料の払込み

↓

申請内容が審査され、「確認票」が発行される（メールで通知、マイページで確認）

↓

確認票受信後、マイページから試験会場・日時を予約（受験はメール受信後90日以内）

↓

予約した日時に試験会場にて受験

↓

受験日の翌月10日、試験結果が通知される（メールで通知、マイページで確認）

↓

合格すると、総務省に資格者証の交付申請をすることができる

●科目免除について

　科目合格した方、一定の資格等、実務経歴を有する者及び認定学校の単位を取得した方は、申請により試験を免除される科目があります。

　科目合格の有効期間は、試験を受けた月の翌月の初めから起算して3年間ですが、試験申請受付の締切は有効期間の30日前までとなります。

●受験手数料

　8,700円（1試験種別当たり）。払込方法は以下の3種類あります。

1. Pay-easy（ペイジー）

　Pay-easyに対応している金融機関のATMやインターネットバンキングから払込みができます。

2. コンビニ払い

　指定されたコンビニエンスストアから払込みができます。

3. バウチャー

　事前にバウチャー（受験チケット）をホームページにて購入し、払込みができます。なお、バウチャーによる払込みは、団体のみができます（個人は不可）。

「申込み」については基本的に団体一括申込みができず、受験者本人が行うこととなっています。ご注意ください。

3. 受験資格

受験資格に制限はありません。誰でも受験できます。

4. 試験概要

多肢択一方式・各科目40分となっています。

●出題範囲と出題数

科目	概要	問題数
①電気通信技術の基礎	電気回路、電子回路、論理回路、伝送理論、伝送技術	22問
②端末設備の接続のための技術及び理論	ONU、DSLモデム等、IP電話機（VoIPルータを含む）、エリアネットワーク、その他の端末機器（スマートメータ、センサ等）、ブロードバンド回線の工事と工事試験、エリアネットワークの設計・工事と工事試験、データ通信技術、ブロードバンドアクセスの技術、IPネットワークの技術、情報セキュリティの概要、情報セキュリティ技術、端末設備とネットワークのセキュリティ	20問
③端末設備の接続に関する法規	電気通信事業法、電気通信事業法施行規則、工事担任者規則、端末機器の技術基準適合認定等に関する規則、端末設備等規則、有線電気通信法、有線電気通信設備令、不正アクセス行為の禁止等に関する法律の大要	20問

●合格基準

各科目100点満点中60点以上です。

5. CBT試験の流れ

●当日の持ち物

「本人確認証」が必要です。証明書の種類により1点で受理可能か、2点で受理可能か細かく定められていますので、受験者ポータルサイトにてご確認ください。

集合時刻

受験時刻の30～5分前に入場可能。遅刻すると受験できません。

●受付

本人確認証提示後、「受験ログイン情報シート」を受け取ります。携帯電話、腕時計、上着などの手荷物全てを指定のロッカーに預け、試験中に利用できる筆記用具とメモ用紙を受け取り、試験室に入室します。

●試験会場

　「受験ログイン情報シート」に記載されている ID とパスワードを入力し、受験を開始します。試験が終了したら、試験官を呼んで試験終了確認書を受取り、完了します。なお、試験前に渡された筆記用具とメモ用紙は受付で返却するので持ち帰ることができません。

6. 問い合わせ先

一般財団法人　日本データ通信協会　電気通信国家試験センター

〒170-8585 東京都豊島区巣鴨2丁目11番1号 巣鴨室町ビル6階

電話番号 03-5907-6556

メール　shiken@dekyo.or.jp

Web サイト　https://www.shiken.dekyo.or.jp/

本書の使い方

◆本書の紙面構成

No.

01 | 電気回路

これだけは覚えよう！

電圧V，電流I，抵抗Rの単位と関係式
- ☑ $V = R \times I$ 〔V〕　　☑ $I = \dfrac{V}{R}$ 〔A〕　　☑ $R = \dfrac{V}{I}$ 〔Ω〕
- ☑ R_1 が V_1，R_2 が V_2 の電圧のとき，直列接続 R_1，R_2 の電圧Vは，$V = V_1 + V_2$
- ☑ R_1 に I_1，R_2 に I_2 の電流が流れるとき，並列接続 R_1，R_2 の電流Iは，$I = I_1 + I_2$

合成抵抗の計算式
- ☑ R_1，R_2，R_3 の直列合成抵抗Rは，$R = R_1 + R_2 + R_3$
- ☑ R_1，R_2，R_3 の並列合成抵抗Rは，$\dfrac{1}{R} = \dfrac{1}{R_1} + \dfrac{1}{R_2} + \dfrac{1}{R_3}$
- ☑ 2抵抗に限り R_1，R_2 の並列合成抵抗Rは，$R = \dfrac{R_1 \times R_2}{R_1 + R_2}$

抵抗の消費電力Pと抵抗の電圧V，電流Iの計算式
- ☑ $P = I \times V$

➋ 直流回路

◆直流回路の基本　　　　　　　　　　　　　　重要度：★★★

　基本的な直流回路は，図1のとおりです。電池Eは一定の電圧Vを発生して電気を押し出します。電流Iは電気の流れです。抵抗Rは電気エネルギーを消費する負荷で，電流Iを制限し，消費電力Pが発生します。
　表1に量記号と単位を示します。実際の問題で単位は（読み）で記されますが，本書では単位で表記します。

002　第1章：電気通信技術の基礎

これだけは覚えよう！
テーマごとに、何が必要なのかわかります。これだけを理解すれば、合格に必要な実力がつきます。

重要語句
重要語句や公式は、赤いシートで隠せるようになっているので、暗記学習に効果的です。

重要度
重要度を★、★★、★★★の3段階で示しています。★の数が多いのは、重要な基礎知識や、出題頻度の高い項目です。

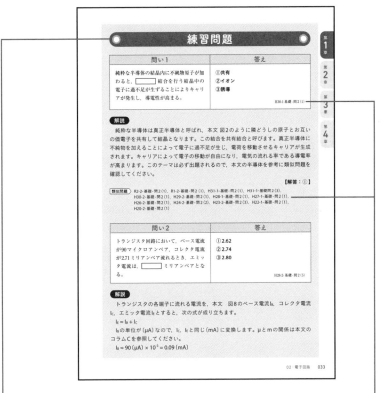

練習問題

節末には、その節で学んだ知識をすぐに確認できるように関連した問題を掲載しています。また、第4章はこちらの練習問題のみで構成しています。

練習問題とその類似問題の出典の読み方

練習問題は一般財団法人 日本データ通信協会の過去問題を掲載しました。出典は、次のように読んでください。

例：R1-2-基礎-問1 (3)

令和元年度	第2回	電気通信技術の基礎	第1問	(3)

・試験種別は、令和2年度第2回までが「DD第三種」、令和3年度第1回からが「第二級デジタル通信」です。試験時期で種別が分かるので、明記していません。

・平成はH、令和はRと略しています。また、年度は数字で表しており、元年も1と表記しています。

・二つ目の数字はその年の何回目の試験かを表しています。なお、令和2年度は第1回が中止され、第2回のみ実施されています。実質的に1回目だけが実施されたことになりますが、出典の過去問には第2回と記されているので、本書もそれにならい第2回として扱っています。

・試験科目の名称は次のとおり略しています。

「電気通信技術の基礎」→基礎

「端末設備の接続のための技術及び理論」→技術

「端末設備の接続に関する法規」→法規

・問題文は基本的に出典のとおり載せていますが、使われている記号等は本書の流れに合わせて適宜変えています。

目　次

第 1 章　電気通信技術の基礎　　　　　　　　　　　　　　　　　1

第2章　端末設備の接続のための技術及び理論　89

第4章　電気通信技術の基礎計算問題集　　237

第 1 章

電気通信技術の基礎

　本章では，電気通信に必要な電気回路，電子回路，デジタル回路，通信の基礎理論を学習します。試験では，公式を用いた計算問題が多く出題されます。出題にはパターンがあるので，公式を暗記した後に，過去の計算問題をできるだけ解いて理解を深めてください。

この章の内容

電気回路

これだけは覚えよう！

電圧V，電流I，抵抗Rの単位と関係式

☑ $V = R \times I$ 〔V〕　　☑ $I = \dfrac{V}{R}$ 〔A〕　　☑ $R = \dfrac{V}{I}$ 〔Ω〕

☑ R_1がV_1，R_2がV_2の電圧のとき，直列接続R_1，R_2の電圧Vは，
$V = V_1 + V_2$

☑ R_1にI_1，R_2にI_2の電流が流れるとき，並列接続R_1，R_2の電流I
は，$I = I_1 + I_2$

合成抵抗の計算式

☑ R_1，R_2，R_3の直列合成抵抗Rは，$R = R_1 + R_2 + R_3$

☑ R_1，R_2，R_3の並列合成抵抗Rは，$\dfrac{1}{R} = \dfrac{1}{R_1} + \dfrac{1}{R_2} + \dfrac{1}{R_3}$

☑ 2抵抗に限りR_1，R_2の並列合成抵抗Rは，$R = \dfrac{R_1 \times R_2}{R_1 + R_2}$

抵抗の消費電力Pと抵抗の電圧V，電流Iの計算式

☑ $P = I \times V$

➔ 直流回路

◆直流回路の基本　　　　　　　　　　　　　重要度：★★★

　基本的な直流回路は，図1のとおりです。電池Eは一定の電圧Vを発生して電気を
押し出します。電流Iは電気の流れです。抵抗Rは電気エネルギーを消費する負荷で，
電流Iを制限し，消費電力Pが発生します。

　表1に量記号と単位を示します。実際の問題で単位は（読み）で記されますが，本
書では単位で表記します。

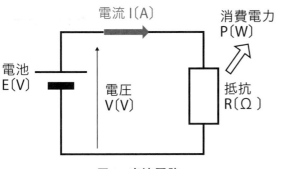

図1：直流回路

表1：量記号と単位

項目	量記号	〔単位〕（読み）
電圧	V	〔V〕（ボルト）
電流	I	〔A〕（アンペア）
抵抗	R	〔Ω〕（オーム）
電力	P	〔W〕（ワット）

コラムＡ 水・ポンプ・タービンと直流回路

　図Ａのポンプ・タービンによる水流のイメージが図1の電気回路と類似しています。ポンプは一定の水圧を発生させ，タービン回転によって水流のエネルギーを消費し，かつ水流を制限します。表Ａに直流回路との比較を示します。

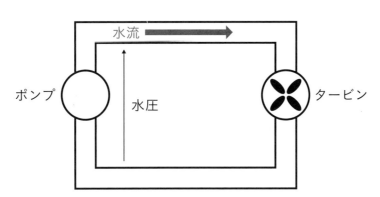

図Ａ：水・ポンプ・タービン（イメージ）

表Ａ：水と電気回路のイメージ比較

水（図Ａ）		電気回路（図Ｉ）	
ポンプ	一定の水圧で水を流す	電源	一定の電圧で電流を流す
タービン	水の流れを制限	抵抗	電流を制限
水圧	水を押し出す	電圧	電流を押し出す
水流	水の流れ	電流	電気の流れ

◆ オームの法則

オームの法則は，図1の抵抗R，電圧V，電流Iの関係が式1になります。

$V = R \times I$ 〔V〕 ・・・・・式1（オームの法則）

式1より，抵抗R，電流Iは式2，式3で求めます。

$R = \dfrac{V}{I}$ 〔Ω〕 ・・・・・式2（オームの法則）

$I = \dfrac{V}{R}$ 〔A〕 ・・・・・式3（オームの法則）

問題の計算過程で含まれるキロ（k）ミリ（m）をコラムBにまとめます。

コラムⒷ キロ(k)，ミリ(m)

キロ(k)は1000を表し，10を3回掛け算するので10^3とも表します。同様に，ミリ(m)は$\dfrac{1}{1000}$を表し，$\dfrac{1}{10}$を3回掛け算するので$\dfrac{1}{10^3} = 10^{-3}$とも表します。また$\dfrac{1}{10^{-3}} = 10^3$の変換ができます。

◆ 分圧の公式

複数の抵抗を直列接続して電流を流したとき，両端の電圧は各抵抗の電圧の総和と同じになります。抵抗2個の接続図を図2に，電圧Vは式4で求めます。

$V = V_1 + V_2$ 〔V〕 ・・・・・式4（分圧の公式）

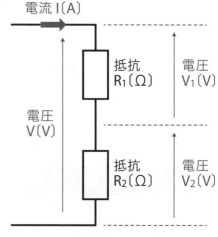

図2：抵抗の分圧

◆ 分流の公式 重要度：★★☆

　複数の抵抗を並列接続したとき，両端の電流は各抵抗に流れる電流の総和と同じになります。抵抗2個の接続図を図3に，電流Iは式5で求めます。

$I = I_1 + I_2$ 〔A〕　・・・・・式5（分流の公式）

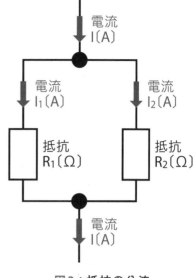

図3：抵抗の分流

◆ 消費電力P 重要度：★★☆

　抵抗に電流を流すと電気が消費されます。この**消費電力P〔W〕**は，抵抗両端の電圧V〔V〕，抵抗に流れる電流I〔A〕より式6で求めます。

$P = V \times I$ 〔W〕　・・・・・式6（電力の式）

◆ 直列合成抵抗 重要度：★★★

　合成抵抗は，複数の抵抗を接続したときに両端から見た抵抗値です。直列合成抵抗の接続例は図4で，合成抵抗は各抵抗を加算した式7で求めます。抵抗の数が増えても同じです。

$R = R_1 + R_2$　・・・・・式7（直列合成抵抗の式）

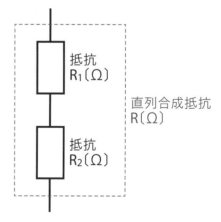

図4：直列合成抵抗の例

◆ 並列合成抵抗

重要度：★★★

並列合成抵抗は複数の抵抗を並列に接続した抵抗値です。並列合成抵抗の接続例は図5で，合成抵抗は式8で求めます。抵抗の数が増えても同じです。

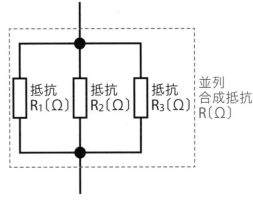

図5：並列合成抵抗の例

$$\frac{1}{R} = \frac{1}{R_1} + \frac{1}{R_2} + \frac{1}{R_3} \quad \cdots \cdots 式8（並列合成抵抗の基本式）$$

抵抗が2つの場合だけ，式8を簡略化した式9が使えます。式9は，$\frac{積}{和}$です。

$$R = \frac{R_1 \times R_2}{R_1 + R_2} \quad \cdots \cdots 式9（2つの抵抗だけで使える式）$$

→ 交流回路

◆ 交流回路の基本，実効値，オームの法則

重要度：★★☆

基本的な交流回路は，図6のとおりです。交流電源eは，図7の周期的に変化する正弦波の電圧を発生します。

一般に，交流回路における電圧と電流は，**実効値**で表した値を用います。実効値は，周期的に変化する交流回路の仕事を，直流回路での仕事に換算した値です。

負荷はインピーダンスZ〔Ω〕で，オームの法則による式10になります。

$$V = Z \times I \, 〔V〕 \quad \cdots \cdots 式10（交流でのオームの法則）$$

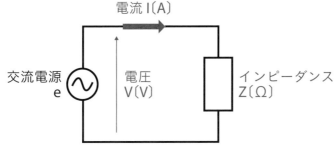

図6：交流回路

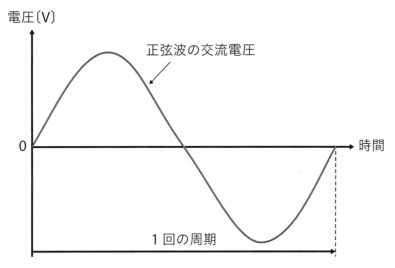

図7：正弦波の交流電圧

◆ インピーダンス Z

重要度：★★★

　インピーダンス Z〔Ω〕は交流回路の負荷で，抵抗 R〔Ω〕，コイル L による**誘導リアクタンス X_L〔Ω〕**，コンデンサ C による**容量リアクタンス X_C〔Ω〕**から成ります。RLC 直列接続を図8に示しました。Z は式11で求めます。なお，X_L と X_C は電圧と電流の周期波形に時間的なずれがあるため，単純な加算になりません。

$Z = \sqrt{R^2 + (X_L - X_C)^2}$〔Ω〕　・・・・・式11（直列インピーダンスの基本式）

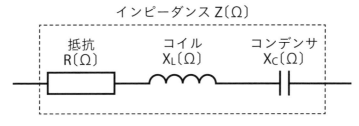

図8：直列接続のインピーダンス Z

式11より，2つの素子による直列接続の合成インピーダンスZは式12～式14で求めます。

$R と X_C：Z = \sqrt{R^2 + (0 - X_C)^2} = \sqrt{R^2 + X_C^2}$〔Ω〕　・・・・・式12

$R と X_L：Z = \sqrt{R^2 + (X_L - 0)^2} = \sqrt{R^2 + X_L^2}$〔Ω〕　・・・・・式13

$X_C と X_L：Z = \sqrt{0 + (X_L - X_C)^2} = \sqrt{(X_L - X_C)^2} = |X_L - X_C|$〔Ω〕　・・・・・式14

式14での|～|は，内部の結果が負の値でも正にする絶対値の記号です。

$Z = \sqrt{N}$ の主な値を示した表2を確認しておいてください。

表2：$Z = \sqrt{N}$ の主な値の整理

Z	N
12	144
13	169
15	225
17	289
25	625
1.3	1.69
0.5	0.25

◆RLC直列インピーダンスの共振　　　重要度：★★★

正弦波が1秒間に繰り返す数を周波数と呼び，X_C と X_L の値は電源の周波数で変化します。RLC直列接続で，特定の周波数で $X_C = X_L$ になる状態を直列共振と呼びます。インピーダンスZを求める式11は，共振時に式15の $Z = R$〔Ω〕になるので，RLC直列回路のインピーダンスは共振時に，最小となります。

$Z = \sqrt{R^2 + (X_L - X_C)^2} = \sqrt{R^2 + 0^2} = \sqrt{R^2} = R$〔Ω〕　・・・・式15（共振時のインピーダンス）

◆ひずみ波交流　　　重要度：★★★

基本波に高調波を含み，正弦波でない交流はひずみ波交流といわれます。基本波は理論的な正弦波です。ひずみ波交流では，基本波より高い周波数の成分である高調波が基本波を歪ませています。

→ 抵抗の特性

◆ 導線の抵抗R　　　　重要度：★★☆

　図9のように，導線の長さをℓ〔m〕，断面積をA〔m²〕，抵抗率をρ〔Ω·m〕とすると，導線の抵抗R〔Ω〕は式16で求めます。なお，ρ（ロー）は素材で決まる定数です。

$$R = \frac{\rho\ell}{A}〔Ω〕　\cdots\cdots 式16（断面積から抵抗を求める式）$$

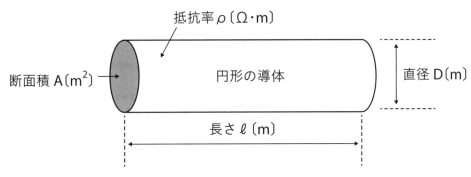

図9：円形の導線

　円の面積＝円周率×半径²なので，断面積A〔m²〕は，円周率πと直径D〔m〕より式17になります。式16へ式17を代入し，直径Dから抵抗Rを求めると式18になります。

$$A = \pi \times \left(\frac{D}{2}\right)^2 = \pi \times \frac{D^2}{4} = \frac{\pi D^2}{4}〔m^2〕　\cdots\cdots 式17（直径から断面積を求める式）$$

$$R = \frac{\rho\ell}{A} = \rho\ell\frac{1}{A} = \rho\ell\frac{4}{\pi D^2} = \frac{4\rho\ell}{\pi D^2}〔Ω〕　\cdots\cdots 式18（直径から抵抗を求める式）$$

◆ 金属導体の抵抗値と温度　　　　重要度：★☆☆

　金属導体の温度が上昇すると，一般に，金属導体の抵抗値は**増加**します。

◆ 抵抗の消費電力，抵抗で発生する熱量　　　　重要度：★☆☆

　抵抗R〔Ω〕に電流I〔A〕を流した場合，抵抗で消費される電力P〔W〕は式19になります。式19は，式6（消費電力の計算）へ式1（オームの法則）を代入して得られます。

$$P = V \times I = (I \times R) \times I = I^2R〔W〕　\cdots\cdots 式19（電流，抵抗から消費電力を求める式）$$

抵抗の消費電力は熱として消費されます。熱量の単位はジュールで，消費電力 P ＝ $I^2 \cdot R$ と時間 t の積で求めます。そのため，R オームの抵抗に電流を t 秒間流したときに発生する熱量は I^2Rt ジュールです。

磁界とコイル

◆ 平行な電線に働く力　重要度：★★★

平行に置かれた2本の直線状の電線に，互いに反対向きに電流を流すと，両電線間には互いに反発し合う力が働きます。これは，図10のように磁力が発生するためです。磁力は，磁石の力です。

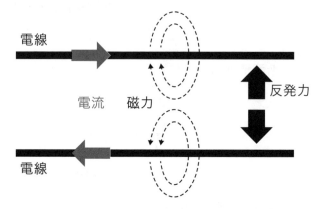

図10：平行な電線に働く力

◆ フレミングの左手の法則　重要度：★★★

磁界中に置かれた導体に電流を流すと電磁力という力が生じます。フレミングの左手の法則では，人差し指を磁界，中指を電流の方向とすると親指は電磁力の方向となります。これを，図11に示しました。磁界は，空間における磁力の状態です。

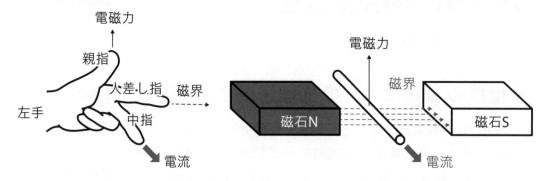

図11：フレミングの左手の法則

◆ 磁気回路

　磁気回路は図12のように鉄心にコイルを巻き，起磁力を加えると，磁束が流れるもので，電気回路の電流と同じように，オームの法則があります。磁気回路において，磁束をΦ，起磁力をF，磁気抵抗をRとすると，これらの間には$\Phi = \dfrac{F}{R}$の関係があります。表3に，電気回路と磁気回路の対応を示します。Φは「ファイ」と読みます。

　磁気回路において，コイルに流れる**電流**とコイルの**巻数**との積は，磁束を生じさせる力で，起磁力といいます。図12中の$F = N \cdot I$が式になります。

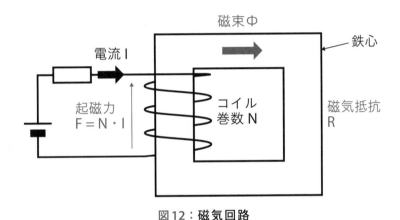

図12：磁気回路

表3：電気回路と磁気回路

電気回路		磁気回路	
起電力	E	起磁力	F
電流	I	磁束	Φ
抵抗	R	磁気抵抗	R

◆ 抵抗とコイルの直列回路

　正弦波の時間的なずれを**位相**といい，図13において，抵抗Rは電流と電圧が同位相で，コイルLの電流の位相は電圧に対して遅れます。そのため，抵抗とコイルの直列回路に交流電圧を加えると，コイルの影響で流れる電流の位相は，電圧の位相**に対して遅れ**ます。

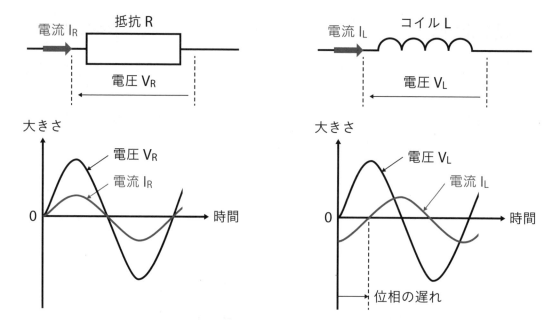

図13：抵抗とコイルの電圧・電流の波形

◆ インダクタンスを大きくする方法　　重要度：★★★

　インダクタンスはコイル自体の値で，誘導リアクタンス X_L の算出に使用します。コイルのインダクタンスを大きくする主な方法は①〜③です。

①巻線の断面積を大きくする。

②巻線の巻数を多くする。

③**コイルの中心に比透磁率の大きい磁性体を挿入する。**

　比透磁率は，真空の透磁率を基準にした物質の透磁率との比です。透磁率は磁気の影響の受けやすさで，比透磁率が大きいほど磁気の影響を受けやすい物質です。

➡ 電界とコンデンサ

◆ 電荷と力　　重要度：★★★

　電荷とは物体が持っている電気の量で，正と負の2種類があります。正の電荷と負の電荷は引き合い，同種の電荷どうしは反発します。図14において，電荷 Q_1 と Q_2 の間には，Q_1 と Q_2 を結ぶ直線方向に力が働きます。その大きさは，Q_1 と Q_2 のそれぞれの電荷の量に比例し，Q_1 と Q_2 間の距離の2乗に反比例します。

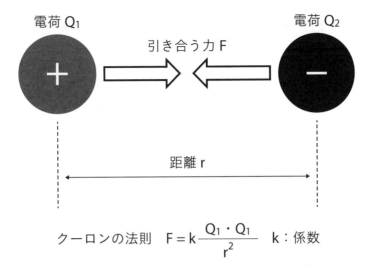

$$\text{クーロンの法則} \quad F = k\frac{Q_1 \cdot Q_1}{r^2} \quad k:係数$$

図14：クーロンの法則

　電荷を帯びていない導体球に帯電体を接触させないように近づけたとき，両者の間位には**引き合う力**が働きます。この導体球には移動できる正と負の電荷が同量あり，電気を打ち消し合っています。帯電体は一方の電荷を多く持っているので，帯電体と逆の電荷が引き寄せられることによって力が発生します。

　電荷量は電気の量で，単位は〔C〕（クーロン）です。また，電流は1秒間の電気の流れなので，流れた秒数との積は電気の量になり，単位は〔A・s〕（アンペア・秒）です。そのため，電荷量の単位であるクーロンと同じ単位は，**アンペア・秒**です。

◆ コンデンサの静電容量 　　　　重要度：★★☆

　静電容量はコンデンサ自体の値で，容量リアクタンスX_cの算出に使用し，単位は〔F〕（ファラド）です。

　図15の平行板コンデンサにおいて，両極板間にVボルトの直流電圧を加えると，一方の電極に$+Q$〔C〕，他方の電極に$-Q$〔C〕の電荷が現れます。このコンデンサの静電容量をC〔F〕とすると，これらの間には，**$Q = CV$** の関係があります。

　$Q = CV$を変形した$C = \dfrac{Q}{V}$より，コンデンサに蓄えられる電気量とそのコンデンサの両端の**電圧**との比は，静電容量となります。

　単位を含めた式$C〔F〕= \dfrac{Q〔C〕}{V〔V〕}$より，単位〔F〕と単位〔C/V〕が同一であることがわかります。そのため，静電容量の単位であるファラドと同一の単位は，**クーロン/ボルト**になります。

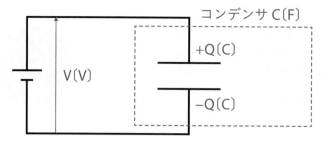

図15：平行板コンデンサ

◆ コンデンサの静電容量を大きくする方法　重要度：★★☆

　平行電極板で構成されるコンデンサの静電容量を大きくする主な方法は①〜③です。

①電極板の面積を大きくする。

②電極板の間隔を狭くする。

③電極板間に誘電率の大きな物質を挿入する。

　誘電率の大きい物質は誘電体と呼ばれ、コンデンサの静電容量を増やせます。

練習問題

問い1	答え
図に示す回路において，抵抗R_2に4アンペアの電流が流れているとき，この回路に接続されている電池Eの電圧は，□□□□ボルトである。ただし，電池の内部抵抗は無視するものとする。 $\xrightarrow{4[A]}$ $R_2 = 3[\Omega]$ $R_1 = 3[\Omega]$ $R_3 = 2[\Omega]$ E	①**24** ②**36** ③**42** R1-2基礎-問1(1)

解説

①回路図に量記号V，V_1，V_2，I_1，I_2，I_3を記入します。

②抵抗のV，I，R中で2つに値がある抵抗を見つけます。R_2が該当します。

③オームの法則でR_2とI_2からR_2両端の電圧V_2を求めます。

$V_2 = R_2 \times I_2 = 3[\Omega] \times 4[A] = 12[V]$

④V_2はR_3両端の電圧でもあるので，オームの法則でV_2とR_3からI_3を求めます。

$I_3 = \dfrac{V_2}{R_3} = \dfrac{12[V]}{2[\Omega]} = 6[A]$

⑤分流の公式でI_2とI_3からI_1を求めます。$I_1 = I_2 + I_3 = 4[A] + 6[A] = 10[A]$

⑥オームの法則でR_1とI_1からV_1を求めます。$V_1 = R_1 \times I_1 = 3[\Omega] \times 10[A] = 30[V]$

⑦分圧の公式でV_1とV_2から答えであるVを求めます。$V = V_1 + V_2 = 30[V] + 12[V] = 42[V]$

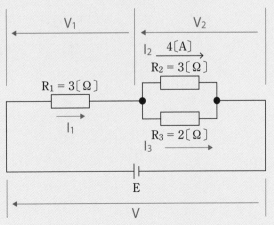

【解答：③】

類似問題 H27-2-基礎-問1(1), H24-1-基礎-問1(1), H18-1-基礎-問1(1)

問い2	答え
図に示す回路において，端子a-b間の合成抵抗は，□□□□オームである。	①8 ②9 ③10 H29-2-基礎-問1(1)

解説

①図を見やすくするために，レイアウトを変更した図にします。

②回路図の内側から直列部分と並列分を見つけ出して行きます。（赤字のR₁〜R₄）

③並列合成抵抗R_1を計算します。2つの抵抗なので式9を使用します。

$$R_1 = \frac{6 \times 12}{6 + 12} = \frac{72}{18} = 4 \, (\Omega)$$

②直列合成抵抗R_2を計算します。式7を使用します。

$$R_2 = R_1 + 8 = 4 + 8 = 12 \, (\Omega)$$

③並列合成抵抗R_3を計算します。2つの抵抗なので式9を使用します。

$$R_3 = \frac{R_2 \times 4}{R_2 + 4} = \frac{4 \times 12}{4 + 12} = \frac{48}{16} = 3 \, (\Omega)$$

④直列合成抵抗R_4を計算します。式7を使用します。

$$R_4 = R_3 + 7 = 3 + 7 = 10 \, (\Omega)$$

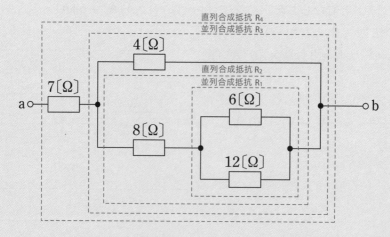

【解答：③】

類似問題 H25-1-基礎-問1(1), H20 2-基礎-問1(1), H18-2-基礎-問1(1)

問い3	答え
図に示す回路において，回路に6アンペアの交流電流が流れているとき，端子a-b間に現れる電圧は，□□□□ボルトである。 a ○──[R = 5〔Ω〕]──[X_L = 12〔Ω〕]──○ b	①**78** ②**84** ③**90** R2-2-基礎-問1(2)

解説

①RL直列回路なので，式13で合成インピーダンスZを計算します。

$$Z = \sqrt{R^2 + X_L^2} = \sqrt{5^2 + 12^2} = \sqrt{25 + 144} = \sqrt{169} = 13 〔Ω〕$$

計算過程での$12^2 = 144$と$\sqrt{169} = 13$は，表2を知っておくと即座に求まります。

②交流電流I = 6〔A〕とZ = 13〔Ω〕から，交流でのオームの法則の式10を用いて端子a-b間の電圧Vを求めます。

$$V = Z \times I = 13 〔Ω〕 \times 6 〔A〕 = 78 〔V〕$$

【解答：①】

類似問題 H30-2-基礎-問1(2)，H28-1-基礎-問1(2)，H27-2-基礎-問1(2)，H25-1-基礎-問1(2)，H20-1-基礎-問1(2)，H23-1-基礎-問1(2)，H19-1-基礎-問1(2)，H18-2-基礎-問1(2)，H18-1-基礎-問1(2)

問い4	答え
導線の単位長さ当たりの電気抵抗は，その導線の断面積を3倍にしたとき，□□□□倍になる。	① $\dfrac{1}{9}$ ② $\dfrac{1}{3}$ ③ $\sqrt{3}$ H31-1-基礎-問1(4)

解説

導線の長さℓ，断面積A，抵抗率ρから電気抵抗Rは次の式16で求まります。

$$R = \frac{\rho\ell}{A} 〔Ω〕$$

この式で，面積が3倍である3Aとして，抵抗R′を計算します。

$$R' = \frac{\rho\ell}{3A} = \frac{1}{3}\cdot\frac{\rho\ell}{A} = \frac{1}{3}\cdot R 〔Ω〕$$

結果は，面積Aでの抵抗R$\frac{1}{3}$になります。

【解答：②】

類似問題 R2-2-基礎-問1(4)，H25-2-基礎-問1(4)，H29-1-基礎-問1(4)，H27-1-基礎-問1(4)

問い5	答え
抵抗とコイルの直列回路の両端に交流電圧を加えたとき，流れる電流の位相は，電圧の位相 [_____]。	①に対して遅れる ②に対して進む ③と同相である <div align="right">H30-2-基礎-問1(4)</div>

解説

「磁界とコイル」の「◆抵抗とコイルの直列回路」の説明を確認してください。

【解答：①】

類似問題 R1-2-基礎-問1(3)，R2-2-基礎-問1(3)，H31-1-基礎-問1(3)，H28-2-基礎-問1(4)

問い6	答え
コンデンサに蓄えられる電気量とそのコンデンサの端子間の [_____] との比は，静電容量といわれる。	①電圧 ②静電力 ③電荷 <div align="right">H29-2-基礎-問1(3)</div>

解説

静電容量C，電気量Q，端子間電圧Vとすると Q＝CV の関係があります。

この式を変形した C＝$\frac{Q}{V}$ より，コンデンサに蓄えられる電気量Cとそのコンデンサの両端の電圧Vとの比は，静電容量Cとなります。

Q＝CV は「電界とコンデンサ」の「◆コンデンサの静電容量」を参照してください。

【解答：①】

類似問題 H30-1-基礎-問1(4)，H28-2-基礎-問1(3)，H26-1-基礎-問1(3)，H25-2-基礎-問1(3)，H25-1-基礎-問1(3)

これだけは覚えよう！

半導体の性質

☑ 半導体は，温度が上昇したとき，一般に，その電気抵抗は減少する。

☑ 真性半導体に不純物が加わると，結晶中において共有結合を行う電子に過不足が生じてキャリアが生成されることにより，導電率が増大する。

☑ p型半導体，n型半導体まとめ

種類	加える不純物	多数キャリア
p型半導体	アクセプタ	正孔（せいこう）
n型半導体	ドナー	自由電子

pn接合の半導体の性質

☑ pn接合の接合面付近には，キャリアが存在しない空乏層がある。

☑ 電圧印加時，p型半導体側に正電圧は順方向電圧，負電圧は逆方向電圧。

☑ 順方向電圧の印加時，正孔と自由電子が再結合して，電流が流れる。

☑ 逆方向電圧の印加時，空乏層が広がり，電流が流れない。

トランジスタ回路

☑ コレクタ電流I_C，ベース電流I_B，エミッタ電流I_Eの関係
$I_E = I_B + I_C$

☑ バイアス回路は，トランジスタの動作点を設定するために必要な直流電流を供給するために用いられる。

➔ 半導体

◆ 正孔と電子　　　　　　　　　　　　　　重要度：★★☆

　電気を流す導体と流さない絶縁体の中間に位置する物質が半導体です。半導体内には，図1に示した正電荷の**正孔**と負電荷の**電子**があり，これらは引き合い，電子が移動して正孔と結合すると電荷が打ち消されて電荷が消失します。

　また，正孔を移動する電子を**自由電子**といいます。

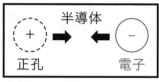

(a)正孔と電子

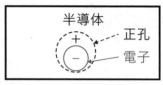

(b)結合状態

図1：正孔と電子

◆ 真正半導体　　　　　　　　　　　　　　重要度：★★☆

　図2は価電子（最も外側の電子）を4個持つシリコンの**真正半導体**です。シリコンは4価の元素なので価電子は4個です。真正半導体は，隣の原子とお互いの価電子を共有する**共有結合**だけで結晶を作るので正孔と電子が同数の純粋な半導体です。

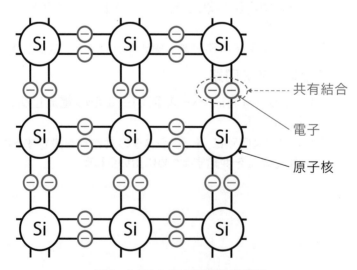

図2：シリコンによる真正半導体

なお，電流は電子の移動ですが，電流の定義後に電子が発見されたので，図3のように電流と電子の流れる方向は逆です。

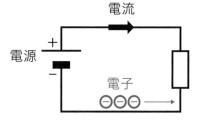

図3：電流と電子の流れる方向は逆

◆不純物半導体　　　　　　　　　　　　　　　重要度：★★☆

　真正半導体に不純物が加わると，結晶中において**共有結合**を行う電子に過不足が生じてキャリアが生成されることにより，**導電率**が増大します。

　これを不純物半導体といい，不純物の種類によって図4のp型半導体とn型半導体に分かれます。キャリアとは，過不足分の電子または正孔です。不純物半導体の正孔と電子のうち，多数キャリアは増えた方で，少数キャリアは減った方です。導電率は電気の流れやすさで，多数キャリアが多いと自由電子が多く流れ，導電率が大きくなります。

p型半導体　　　　　　n型半導体

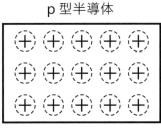 

$\oplus$ 正孔

$\ominus$ 自由電子

図4：不純物半導体と多数キャリア

◆p型半導体　　　　　　　　　　　　　　　　重要度：★★★

　p型半導体の多数キャリアは**正孔**で，少数キャリアは**自由電子**です。p型半導体が通電時に電荷を運ぶ主役は**正孔**です。正孔は正（Positive）の電荷なのでp型といいます。

　p型半導体の正孔を作るために加える不純物は**アクセプタ**といわれます。シリコンへのアクセプタは価電子が3個の3価の元素です。

◆n型半導体　　　　　　　　　　　　　　　　重要度：★★★

　n型半導体の多数キャリアは**自由電子**で，少数キャリアは**正孔**です。n型半導体が通電時に電荷を運ぶ主役は**自由電子**です。自由電子は負（Negative）の電荷なのでn

型といいます。

　n型半導体の自由電子を作るために加える不純物は**ドナー**といわれます。シリコンへのドナーは価電子が5個の5価の元素です。

◆pn接合，整流作用　　　　　　重要度：★★★

　pn接合とは，図5のようにp型半導体とn型半導体を接合したときの接合面です。

　半導体のpn接合の接合面付近には，拡散と再結合によって自由電子などのキャリアが存在しない**空乏層**という領域があります。

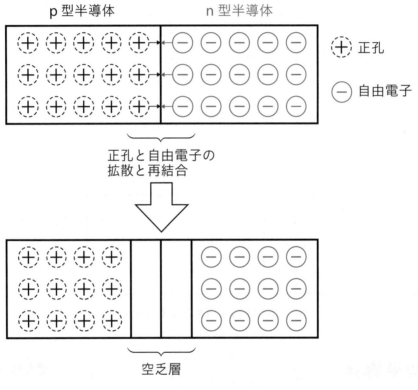

図5：pn接合と空乏層

　直流電圧の印加時，p型半導体側が正電圧は**順方向電圧**，負電圧は**逆方向電圧**です。図6に順方向電圧を印加したとき，図7に逆方向電圧を印加したときの動作概要を示します。要点は次のとおりです。

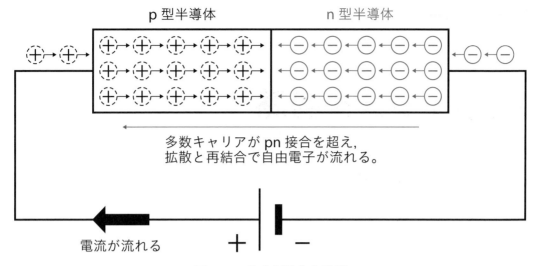

図6：pn接合と順方向電圧

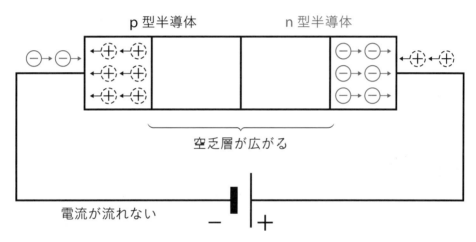

図7：pn接合と逆方向電圧

・pn接合の半導体に順方向の電圧を加えると，p側の正孔とn側の電子は，それぞれn側，p側に入り込み，少数キャリアとして半導体内を拡散し，多数キャリアと**再結合**して電流が流れます。図6に示しました。

・pn接合の半導体に逆方向の電圧を加えると，p型領域の多数キャリアである正孔は電源の負極に引かれ，**空乏層**が広がり電流が流れません。図7に示しました。

・pn接合の半導体は，**p型領域**側に正の電圧を加えたときに電流が流れ，負の電圧を加えたときに電流が流れにくくなる整流作用を有しています。

◆温度と電気抵抗の関係　　　　　　重要度：★★★

半導体は，温度が上昇したとき，一般に，その電気抵抗は**減少**します。これは，正

孔を移動する自由電子の動きが，熱によって活発になるためです。

⊙ トランジスタ回路

◆ トランジスタの基本　　　　　　重要度：★★★

トランジスタの図記号と端子名，流れる電流を図8に示します。**コレクタ**電流I_Cと**ベース**電流I_Bの合計が，式1のとおり**エミッタ**電流I_Eになります。なお，図8は出題されるnpn型トランジスタの説明です。

$$I_E = I_B + I_C \quad \cdots 式1$$

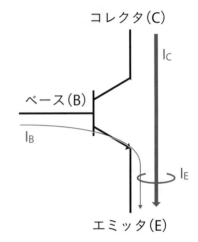

図8：トランジスタの端子名と電流

トランジスタは，僅かなベース電流I_Bの変化に比例してコレクタ電流I_Cが大きく変化する電流増幅の性質があります。I_Bの変化に対するI_Cの変化の割合をβとすると式2になります。βはエミッタ接地方式の電流増幅度です。一般的なβの値は100～500程度です。

$$I_C = \beta \cdot I_B \quad \cdots 式2$$

> **コラム C　マイクロ〔μ〕**
>
> トランジスタの電流計算の問題では，コレクタ電流I_Cとエミッタ電流I_Eの単位は〔mA〕で，ベース電流I_Bの単位が〔μA〕です。ミリ〔m〕は$\frac{1}{1000} = \frac{1}{10^3} = 10^{-3}$です。マイクロ〔μ〕は$\frac{1}{1000000} = \frac{1}{10^6} = 10^{-6}$です。そのため，1000〔μA〕＝1〔mA〕になります。

◆3つの接地方式

重要度：★★☆

トランジスタ回路は，どの端子を入力端子，出力端子，共通端子にするかによって，3つの接地方式に分けられます。表1に各接地方式の回路と特徴を示します。接地回路名から，赤枠の回路と特徴の赤字の語句を選べるようにしてください。

表1：トランジスタ回路の接地方式 回路と特徴

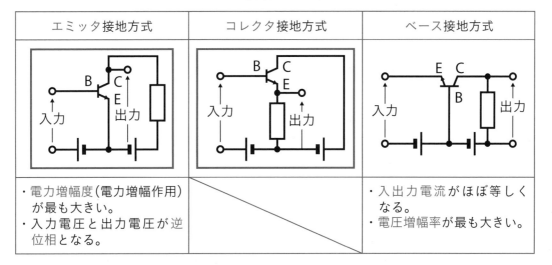

エミッタ接地方式	コレクタ接地方式	ベース接地方式
・電力増幅度（電力増幅作用）が最も大きい。 ・入力電圧と出力電圧が逆位相となる。		・入出力電流がほぼ等しくなる。 ・電圧増幅率が最も大きい。

◆トランジスタ増幅回路の動作

重要度：★★★

トランジスタ増幅回路を図9に，入出力電流を図10に示します。この回路は，表1のエミッタ接地方式です。

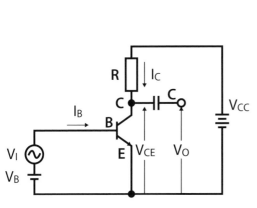

図9：トランジスタ増幅回路

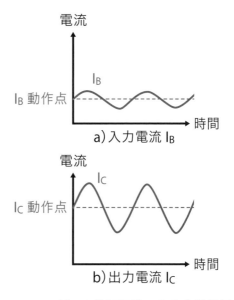

a）入力電流 I_B

b）出力電流 I_C

図10：トランジスタ増幅回路の入出力信号電圧

直流電源V_Bによって一定のベース電流I_Bが流れ，増幅された一定のコレクタ電流I_Cが流れます。このときの電流と電圧が動作点で，電流の動作点を図10に点線で示しました。交流電源V_Iによって実線のように動作点を中心にI_Bが変化し，コレクタ電流I_Cが増幅されて変化します。この回路の直流電源V_Bはバイアス回路です。V_{CE}とI_Cの関係は，オームの法則と分圧の公式より式3となり，I_Cが最大のときV_{CE}は最も小さくなります。

$$V_{CE} = Vcc - R \cdot I_C \quad \cdots 式3$$

これらのまとめは，次のとおりです。

・トランジスタ増幅回路における**バイアス回路**は，トランジスタの動作点を設定するために必要な**直流電流**を供給するために用いられます。

・ベース電流I_Bの変換に伴って，コレクタ電流I_Cが大きく変化する現象は，トランジスタの**増幅作用**といわれます。

・正弦波の入力信号電圧V_Iに対する出力電圧V_{CE}は，この回路の動作点を中心に変化し，コレクタ電流I_Cが**最大**のとき，V_{CE}は**最小**になります。

なお，コレクタに接続されたコンデンサCは，V_{CE}から直流成分を除き，交流成分だけの出力V_0を得るためにあります。

◆ トランジスタスイッチング回路の動作　　重要度：★★☆

トランジスタスイッチング回路とは，ベース電流I_Bを制御することで，コレクタ（C）とエミッタ（E）の間をオン/オフする回路で，図11に示します。

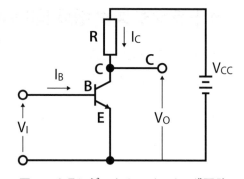

図11：トランジスタのスイッチング回路

・ベース電流I_Bを流さないとコレクタ電流I_Cが流れず，抵抗Rで電圧降下が発生しないので，出力電圧V_0はV_{CC}の電圧になります。コレクタ（C）とエミッタ（E）の間はオフの状態です。

・ベース電流I_Bを十分大きくすると，トランジスタの動作は**飽和領域**に入り，出力電圧V_0は，ほぼゼロとなります。このようなトランジスタの状態は，スイッチがオンの状態と対応させることができます。

飽和領域とは，ベース電流I_Bをこれ以上大きくしても，コレクタ電流I_Cが増加しなくなる領域で，コレクタ電流I_Cが多く流れることで，コレクタ（C）とエミッタ（E）の間はオンの状態になります。

→ダイオードとクリッパ回路

◆ ダイオードの整流作用　　　　　重要度：★☆☆

　ダイオードはアノード（A）端子と
カソード（K）端子の2端子で，pn接
合の半導体部品です。ダイオードに
は，図12のように，加える電圧の
方向によって端子間をオン/オフす
る整流作用があります。順方向電圧
を加えると，アノード（A）からカ
ソード（K）へ電流が流れます。逆方
向電圧を加えると，電流は流れませ
ん。

　なお，抵抗Rは，オン状態の電流
Iを制限するために入れています。

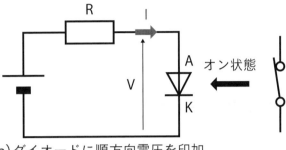

a)ダイオードに順方向電圧を印加

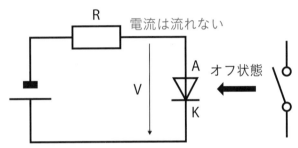

b)ダイオードに逆方向電圧を印加

図12：ダイオードの整流作用

◆ ダイオードの順方向特性と温度　　　　　重要度：★★☆

　ダイオードの順方向抵抗は，一般に，周囲温度が**上昇する**と**小さく**なります。順方
向抵抗は，ダイオードがオンのときのダイオードの抵抗値です。

◆ ダイオードのクリッパ回路の信号波形　　　　　重要度：★☆☆

　クリッパ回路は，入力された「交流」電圧を一定電圧で切り取って，残りの部分を
出力します。図13は出題されてきたクリッパ回路の信号で，$V_i (V) < -E (V)$ の入力信
号が切り取られて出力されます。

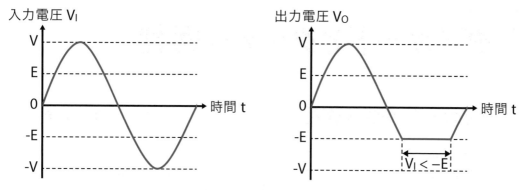

図13：クリッパ回路の入力電圧 V_I と出力電圧 V_O。

◆ クリッパ回路1

重要度：★★☆

図13を実現するクリッパ回路の1つが図14です。$V_I > -E$ ではアノード（A）の方がカソード（K）より高い電圧になるので，ダイオードはb）のようにオンになり，$V_O = V_I$ となります。$V_I \leqq -E$ ではカソード（K）の方が高い電圧になるので，ダイオードはc）のようにオフになり，$V_O = -E$ となります。

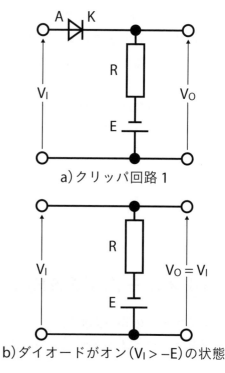

a）クリッパ回路1

b）ダイオードがオン（$V_I > -E$）の状態

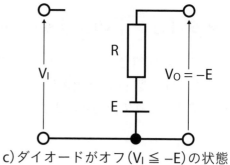

c）ダイオードがオフ（$V_I \leqq -E$）の状態

図14：クリッパ回路例1

◆ クリッパ回路2

重要度：★★★

図13を実現する別のクリッパ回路が図15です。$V_I > -E$ では，ダイオードのカソード（K）の方がアノード（A）より高い電圧になるので，ダイオードはb）のようにオフになり，$V_O = V_I$ となります。$V_I \leqq -E$ では，アノード（A）の方が高い電圧になるので，ダイオードはc）のようにオンになり，$V_O = -E$ となります。

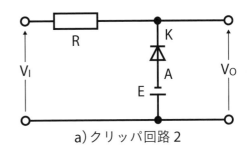

a）クリッパ回路2

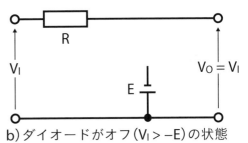

b）ダイオードがオフ（$V_I > -E$）の状態

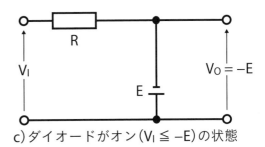

c）ダイオードがオン（$V_I \leqq -E$）の状態

図15：クリッパ回路例2

⊜ 帰還増幅回路

◆ 帰還増幅回路

重要度：★★★

帰還増幅回路は図16のように，増幅回路の出力 V_O を帰還（フィードバック）回路へ入力し，帰還回路の出力 V_F と信号源入力 V_S を加算した V_I を増幅回路へ入力します。帰還回路は利得と位相を調整する回路です。入力電圧 V_I は式4になります。

$$V_I = V_S + V_F \quad \cdot \cdot \cdot 式4$$

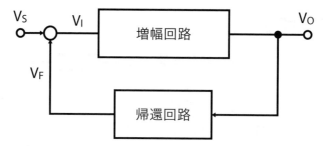

V_S：信号源入力電圧
V_O：出力電圧

図16：帰還増幅回路

◆ 正帰還　　　重要度：★☆☆

　図16での正帰還の動作は次のとおりです。

・信号源の入力電圧V_Sと入力側に戻る電圧V_Fによって，増幅回路の入力電圧V_Iを合成するとき，V_SとV_Fが**同位相**の関係にある帰還を正帰還といい，発振回路に用います。

　同位相とは信号間の時間的なタイミングが同じことです。正帰還での信号例は図17です。同位相のV_SとV_Fが加算されたV_Iは大きくなって増幅回路に入力されるため，出力V_Oはより大きくなります。発振回路は，持続した交流信号を出力する回路です。

◆ CR結合回路　　重要度：★★☆

　CR結合回路は，トランジスタ増幅回路を多段に結合する方式一つです。

　トランジスタ回路において，一般に，負荷抵抗（出力側の抵抗）に生じた出力をコンデンサを介して次段へ伝えることにより増幅度を上げていく回路を，**CR結合増幅回路**といいます。

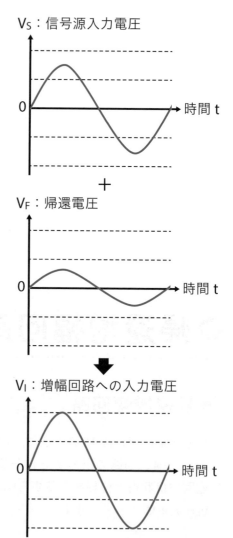

図17：V_SとV_Fが同位相の入力電圧V_I

⊙ 半導体部品

◆ 半導体素子

重要度：★★★

出題されている半導体素子を表2に示します。黒字から赤字の用語を選択できるようにしてください。

表2：半導体素子の名称と機能

名称	機能
電界効果トランジスタ	半導体の多数キャリアの流れを電界によって制御する電圧制御型のトランジスタに分類される。
ホトダイオード	逆方向電圧を加えたpn接合ダイオードに光を照射すると光の強さに応じた電流が流れる現象である光電効果を利用して，光信号を電気信号に変換する機能を持つ。
LED	pn接合ダイオードに順方向の電圧を加えて発光させる。
ツェナーダイオード	逆方向に加えた電圧がある一定値を超えると急激に逆方向電流が増加する降伏現象を示し，広い電流範囲で電圧を一定に保つ特性を有し，定電圧ダイオードともいわれる。
可変容量ダイオード	コンデンサの働きを持ち，pn接合ダイオードに加える逆方向電圧の大きさを変化させることによって，静電容量が変化することを利用している。
CdSセル	光が照射されると電気抵抗が小さくなる光導電素子で，光センサとして街角の自動点滅器などに用いられている。
バリスタ	加えられた電圧がある値を超えると急激に抵抗値が低下する非直線性の特性を利用し，サージ（雷）電圧から回路を保護するためのバイパス回路などに用いられる。
	電話機の衝撃性雑音の吸収回路などに用いられ，印加電圧がある値を超えると，その抵抗値が急激に低下して電流が増大する非直線性を持つ。

◆ デジタル回路部品

重要度：★★☆

出題されているデジタル回路部品を表3に示します。黒字の機能から赤字の名称を選択できるようにしてください。

表3：デジタル回路部品の名称と機能

名称	機能
PROM	電源を切っても記憶されている情報が残る不揮発性メモリのうち，データの書き込みをユーザ側で行えるメモリ。
DRAM	半導体メモリのうち，記憶内容の保持のために繰り返し再書き込みを行う必要のあるメモリ。電源を切ると記憶されている情報が消える揮発性メモリの一つ。
MOS型IC	半導体集積回路 (IC) は，回路に用いられるトランジスタの動作原理から，バイポーラ型とユニポーラ型に大別され，ユニポーラ型のICの代表的なもの。

練習問題

問い1	答え
純粋な半導体の結晶内に不純物原子が加わると，□ 結合を行う結晶中の電子に過不足が生ずることによりキャリアが発生し，導電性が高まる。	①共有 ②イオン ③誘導 H30-1 基礎-問2 (1)

解説

　純粋な半導体は真正半導体と呼ばれ，本文 図2のように隣どうしの原子とお互いの価電子を共有して結晶となります。この結合を共有結合と呼びます。真正半導体に不純物を加えることによって電子に過不足が生じ，電荷を移動させるキャリアが生成されます。キャリアによって電子の移動が自由になり，電気の流れる率である導電率が高まります。このテーマは必ず出題されるので，本文の半導体を参考に類似問題を確認してください。

【解答：①】

類似問題 R2-2-基礎-問2 (1)，R1-2-基礎-問2 (1)，H31-1-基礎-問2 (1)，H31-1-基礎問2 (3)，
H30-2-基礎-問2 (1)，H29-2-基礎-問2 (1)，H28-1-基礎-問2 (1)，H27-1-基礎-問2 (1)，
H26-2-基礎-問2 (1)，H24-2-基礎-問2 (2)，H23-2-基礎-問2 (3)，H22-1-基礎-問2 (1)，
H20-2-基礎-問2 (1)

問い2	答え
トランジスタ回路において，ベース電流が90マイクロアンペア，コレクタ電流が2.71ミリアンペア流れるとき，エミッタ電流は，□ ミリアンペアとなる。	①2.62 ②2.74 ③2.80 H28-2-基礎-問2 (5)

解説

　トランジスタの各端子に流れる電流を，本文　図8のベース電流I_B，コレクタ電流I_C，エミッタ電流I_Eとすると，次の式が成り立ちます。

　$I_E = I_B + I_C$

　I_Bの単位が〔μA〕なので，I_C，I_Eと同じ〔mA〕に変換します。μとmの関係は本文のコラムCを参照してください。

　$I_B = 90〔μA〕 \times 10^{-3} = 0.09〔mA〕$

各電流の単位がそろったので，上式でI_Eを求めます。

$I_E = I_B + I_C = 0.09 〔mA〕 + 2.71 〔mA〕 = 2.80 〔mA〕$

【解答：③】

類似問題 H27-1-基礎-問2(5), H22-2-基礎-問2(5), H20-2-基礎-問2(5)

問い3	答え
図に示すトランジスタ増幅回路において，正弦波の入力信号電圧V_Iに対する出力電圧V_{CE}は，この回路の動作点を中心に変化し，コレクタ電流I_Cが □ のとき，V_{CE}は最も小さくなる。 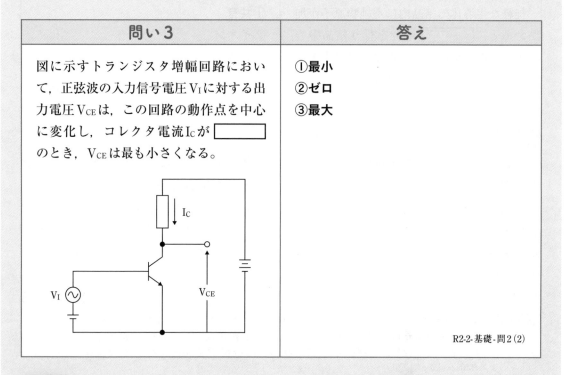 R2-2-基礎-問2(2)	①最小 ②ゼロ ③最大

解説

問題の図において，抵抗の上端とトランジスタのエミッタ端子に接続された直流電源をV_{CC}，抵抗をRとすると，次の式が成り立ちます。

$V_{CE} = V_{CC} - R \cdot I_C$

V_{CC}の電圧は一定です。I_Cが増加することで抵抗の電圧降下$R \cdot I_C$が増加し，V_{CE}は小さくなります。そのため，I_Cが最大のとき，V_{CE}は最小になります。

【解答：③】

類似問題 H31-1-基礎-問2(2), H30-2-基礎-問2(2), H29-2-基礎-問2(2), H19-1-基礎-問2(2)

問い4	答え
トランジスタによる増幅回路を構成する場合のバイアス回路は，トランジスタの動作点の設定を行うために必要な[　　　]を供給するために用いられる。	①入力信号 ②出力信号 ③交流電流 ④直流電流 H31-1-基礎-問2(4)

解説

　トランジスタ増幅回路は，入力電流を増幅して電流を出力します。本文の図9が回路例で，本文の図10は電流です。トランジスタのベース端子に一定の直流電流を入力した上で，交流電流を加えて電流増幅を行います。この直流電流が動作点となります。直流電流を加える回路をバイアス回路といい，本文の図9ではV_Bがバイアス回路です。

【解答：④】

類似問題　H29-1-基礎-問2(4)，H20-1-基礎-問2(4)

問い5	答え
トランジスタ回路は，接地方式によりそれぞれの特徴を有するが，電力増幅作用が最も大きいのは，[　　　]接地方式である。	①エミッタ ②ベース ③コレクタ H28-2-基礎-問2(3)

解説

　トランジスタ回路の接地方式には，エミッタ接地，ベース接地，コレクタ接地がありますが，電力増幅作用が最も大きいのはエミッタ接地方式です。本文の表1の接地方式から赤字の用語と回路を選択できるようにしてください。

【解答：①】

類似問題　R1-2-基礎-問2(4)，H30-2-基礎-問2(4)，H22-1-基礎-問2(4)，H20-2-基礎-問2(2)，H18-1-基礎-問2(3)

問い6	答え

図1に示す波形の入力電圧V_Iを□□□に示す回路に加えると，出力電圧V_Oは，図2に示すような波形となる。ただし，ダイオードは理想的な特性を持ち，$|V|>|E|$とする。

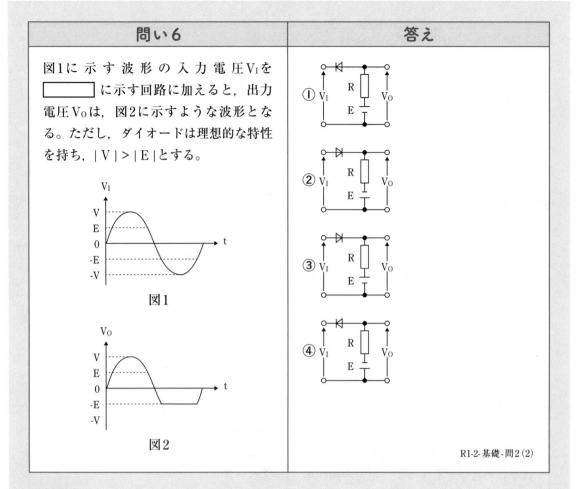

図1

図2

R1-2-基礎-問2（2）

解説

　ダイオードのクリッパ回路の問題で，本文の図13に入出力信号のダイオードのオン範囲（$V_I<E$)），本文のクリッパ回路1の図14にダイオードのオンとオフでの状態を示しました。

【解答：②】

類似問題　H27-1-基礎-問2（2）　本文のクリッパ回路2，図15が解説です。

問い7	答え
電界効果トランジスタは，半導体の □□□□□キャリアの流れを電界によっ て制御する電圧制御形のトランジスタに 分類される半導体素子である。	①多数 ②少数 ③真性 R2-2-基礎-問2(3)

解説

　一般のトランジスタは電流を流すことで多数キャリアを制御するのに対して，電界効果トランジスタは電圧を印加することで多数キャリアを制御します。類似問題も含めて本文の表2にまとめましたので，表2の赤字を選べるようにしてください。

【解答：①】

類似問題　R2-2-基礎-問2(4)，R1-2-基礎-問2(3)，H30-1-基礎-問2(3)，H30-1-基礎-問2(4)，
H28-2-基礎-問2(4)，H28-1-基礎-問2(3)，H27-2-基礎-問2(4)，H26-1-基礎-問2(3)，
H25-1-基礎-問2(3)，H23-1-基礎-問2(3)，H22-1-基礎-問2(3)，H19-1-基-問礎2(3)

問い8	答え
電源を切っても記憶されている情報が残 る不揮発性メモリのうち，データの書き 込みをユーザ側で行えるメモリは，一般 に，□□□□□といわれる。	①RAM ②マスクROM ③PROM R1-2-基礎-問2(5)

解説

　ROMは電源を切っても記憶されている情報が消えない不揮発性メモリです。その中で，PROMは，データの再書き込みが行えるのでユーザ側の書き込みが可能です。なお，RAMは電源を切ると記憶された情報が消える揮発性メモリです。マスクROMは工場出荷時に情報を書き込み，情報の書き換えができません。類似問題も含めて本文の表3にまとめましたので，表3の赤字を選べるようにしてください。

【解答：③】

類似問題　R2-2-基礎-問2(5)，H30-2-基礎-問2(5)

補足問題　H28-1-基礎-問2(2)　本文の帰還増幅回路，図16，図17が解説です。

論理回路

これだけは覚えよう！

論理演算の基本

☑ 論理素子

論理素子の表

素子名	論理積	論理和	否定	否定論理積	否定論理和
論理記号	a◦⟍⟍⟋◦c b◦	a◦⟍⟍⟋◦c b◦	a ▷◦ c	a◦⟍⟍⟋◦c b◦	a◦⟍⟍⟋◦c b◦

☑ 真理値表

真理値表

論理積　$c = a \cdot b$			論理和　$c = a + b$			否定	
入力		出力	入力		出力	入力	出力
a	b	c	a	b	c	a	c
0	0	0	0	0	0	0	1
0	1	0	0	1	1	1	0
1	0	0	1	0	1		
1	1	1	1	1	1		

論理式の法則

☑ **基本法則**

$$A \cdot 1 = A \quad A + 1 = 1 \quad A \cdot \overline{A} = 0$$
$$A + \overline{A} = 1 \quad \overline{\overline{A}} = A$$

☑ **べき等則**　$A \cdot A = A \quad A + A = A$

☑ **ド・モルガンの法則**　$\overline{A \cdot B} = \overline{A} + \overline{B} \quad \overline{A + B} = \overline{A} \cdot \overline{B}$

2進数の演算

☑ **2進数の桁の重み**

進数の桁と重みの表（桁の位置は，右端を0とする）

桁の位置	9	8	7	6	5	4	3	2	1	0
重み	512	256	128	64	32	16	8	4	2	1

→ 論理演算

◆論理演算の表現方法と演算の種類　　　重要度：★★★

　論理演算は，論理回路（デジタル）の理解や設計に使われ，演算の種類と表現方法の理解が必要です。論理演算の概要を表1に示しました。No.3を通して参照してください。

表1：論理演算の表現方法と演算の種類

論理演算	論理式	論理記号（論理素子）	真理値表			ベン図と論理式	
論理積 AND	$c = a \cdot b$		a	b	c		$A \cdot B$
			0	0	0		
			0	1	0		
			1	0	0		
			1	1	1		
論理和 OR	$c = a + b$		a	b	c		$A + B$
			0	0	0		
			0	1	1		
			1	0	1		
			1	1	1		
否定 NOT	$c = \overline{a}$			a	c		$\overline{A}$
				0	1		
				1	0		
否定論理積 NAND	$c = \overline{a \cdot b}$		a	b	c		$\overline{A \cdot B}$
			0	0	1		
			0	1	1		
			1	0	1		
			1	1	0		
否定論理和 NOR	$c = \overline{a + b}$		a	b	c		$\overline{A + B}$
			0	0	1		
			0	1	0		
			1	0	0		
			1	1	0		

◆論理演算の値　　　　　　　　　　　　　　　　　重要度：★★☆

　論理演算で使用する値は，一桁の1と0（または，真と偽）です。論理演算の入力は1つ以上で，一桁の演算を行い，出力は1つです。

◆論理演算の表現　　　　　　　　　　　　　　　　重要度：★★★

　論理演算を行うには，表1に示した次の表現方法があります。
・論理式は，値が入る変数（a，bなど）と演算子（・，＋，⁻）によって表現します。
・論理回路は，論理式をデジタル回路の論理記号で表現します。
・真理値表は，入力値（a，b）に対する出力値（c）を表形式で表現します。
・ベン図は，入力を円で表し，値の1は塗りつぶし，0は空白で表現します。

◆論理演算　　　　　　　　　　　　　　　　　　　重要度：★★★

　論理演算の基本式は，表1の5種類で，次のとおりです。
・論理積（AND）は，「AかつB」の計算で，AとBが1のときだけ，出力が1になります。
・論理和（OR）は，「AまたはB」の計算で，AとBのどちらかが1であれば，出力が1になります。演算子は，加算と同じ＋を使用します。
・否定（NOT）は，入力の値を反転する計算で，入力と出力は一つです。演算子は上線（オーバーライン）で，上線の範囲の演算結果を反転します。論理記号では，信号端子の〇が否定を示します。
・否定論理積（NAND）は，論理積（AND）の出力を否定（NOT）する演算を一括して行います。NANDは「NOT AND」の意味です。
・否定論理和（NOR）は，論理和（OR）の出力を否定（NOT）する演算を一括して行います。NORは「NOT OR」の意味です。

➡ 論理式の法則

◆基本則　　　　　　　　　　　　　　　　　　　　重要度：★★★

　基本則は，特別な入力値との組合せで，次の式があります。

・片方の入力が 0 の式

$A \cdot 0 = 0$　・・・式1　　　　　　　　$A + 0 = A$　・・・式2

・片方の入力が 1 の式

$A \cdot 1 = A$　・・・式3　　　　　　　　$A + 1 = 1$　・・・式4

・一方の入力が他方の否定の式

$A \cdot \overline{A} = 0$　・・・式5　　　　　　　　$A + \overline{A} = 1$　・・・式6

・入力の否定を 2 回すると入力と同じになる式

$\overline{\overline{A}} = A$　・・・式7

◆ べき等則　　　　　　　　　　　　　　　　重要度：★★★

べき等則は，同じ値同士を演算したときの法則で，次の式があります。

$A \cdot A = A$　・・・式8　　　　　　　　$A + A = A$　・・・式9

◆ 交換則　　　　　　　　　　　　　　　　　重要度：★☆☆

交換則は，2 つの値を入れ替えても同じになる法則で，次の式があります。

$A \cdot B = B \cdot A$　・・・式10　　　　　　　$A + B = B + A$　・・・式11

◆ 結合則　　　　　　　　　　　　　　　　　重要度：★☆☆

結合則は，同じ演算子なら，どこから計算してもよい法則で，次の式があります。カッコの中を最初に計算します。

$A \cdot (B \cdot C) = (A \cdot B) \cdot C$　・・・式12

$A + (B + C) = (A + B) + C$　・・・式13

◆ 分配則　　　　　　　　　　　　　　　　　重要度：★★☆

分配則は，カッコ外の入力は，カッコ内へ入れられる法則で，次の式があります。

$A \cdot (B + C) = (A \cdot B) + (A \cdot C)$　・・・式14

$A + (B \cdot C) = (A + B) \cdot (A + C)$　・・・式15

◆ 吸収則　　　　　　　　　　　　　　　　　重要度：★★☆

吸収則は，カッコの外と内に同じ入力がある場合，**その入力と同じになる法則**で，次の式があります。

　　　$A \cdot (A + B) = A$　・・・式16　　　　　　$A + (A \cdot B) = A$　・・・式17

◆ ド・モルガンの法則 重要度：★★★

ド・モルガンの法則は，論理積の否定と論理和の否定の関係で次の式があります。

$$\overline{A \cdot B} = \overline{A} + \overline{B} \quad \cdots 式18 \qquad \overline{A + B} = \overline{A} \cdot \overline{B} \quad \cdots 式19$$

→ ベン図と論理式

◆ ベン図間の論理積 重要度：★★★

複数のベン図間の論理積は，論理積を行う各ベン図で共通に塗りつぶされた部分になります。図1に例を示します。ベン図Xとベン図Yの論理積がベン図Zです。

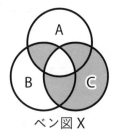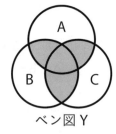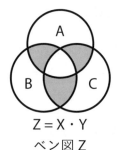

図1：ベン図間の論理積

◆ ベン図間の論理和 重要度：★★★

複数のベン図間の論理和は，論理和を行う各ベン図で塗りつぶされた部分のすべてになります。図2に例を示しました。ベン図Xとベン図Yの論理和がベン図Zです。

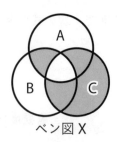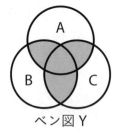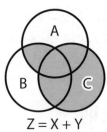

図2：ベン図間の論理和

◆ベン図と論理式　　　　　　　　　　　重要度：★★★

　ベン図の線で分割された領域を図3の①～⑦とすると，論理式は次のとおりです。

① $A \cdot \bar{B} \cdot \bar{C}$　　② $A \cdot B \cdot \bar{C}$　　③ $\bar{A} \cdot B \cdot \bar{C}$
④ $\bar{A} \cdot B \cdot C$　　⑤ $\bar{A} \cdot \bar{B} \cdot C$　　⑥ $A \cdot \bar{B} \cdot C$
⑦ $A \cdot B \cdot C$

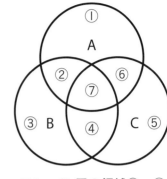

図3：ベン図の領域①～⑦

　①③⑤，②④⑥は，位置が違うだけで，同じ論理演算です。なお2つのベン図による演算は，表1で確認できます。

➡真理値表

◆論理式と真理値表　　　　　　　　　　重要度：★★★

　論理式から真理値表の求め方を次の式20で説明します。演算の順番は，論理積が論理和より優先されます。

$$C = A \cdot \bar{B} + \bar{A} \cdot B \quad \cdots 式20$$

表2：式20（$C = A \cdot \bar{B} + \bar{A} \cdot B$）の途中計算を含めた真理値表

入力		入力の否定		内部の演算		出力
A	B	$\bar{A}$	$\bar{B}$	$A \cdot \bar{B}$	$\bar{A} \cdot B$	C
0	0	1	1	0	0	0
0	1	1	0	0	1	1
1	0	0	1	1	0	1
1	1	0	0	0	0	0

　内部の演算を含めた真理値表が表2です。入力欄の0と1は，必ずこの並びにします。入力の否定は，内部の演算のために含めました。$A \cdot \bar{B}$ では，Aと $\bar{B}$ の欄で論理積を行います。$\bar{A} \cdot B$ も同様です。出力Cは，$A \cdot \bar{B}$ と $\bar{A} \cdot B$ の論理和を行います。

◆ 論理回路と真理値表 重要度：★★★

論理回路から真理値表を求めるには，回路内部の信号点を定義して計算を進めます。

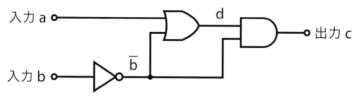

図4：論理回路例

表3：論理回路図（図4）の真理値表

入力		否定$\overline{b}$	論理和d			論理積c		
a	b	$\overline{b}$	a	$\overline{b}$	d	d	$\overline{b}$	c
0	0	1	0	1	1	1	1	1
0	1	0	0	0	0	0	0	0
1	0	1	1	1	1	1	1	1
1	1	0	1	0	1	1	0	0

これを，図4の回路図で説明します。回路図に内部の信号点$\overline{b}$とdを記入します。内部状態を含めた真理値表は表3です。真理値表の否定$\overline{b}$，論理和d，論理積cを順に計算します。計算を楽にするために論理演算の入力値を転記します。真理値表で，0と1のどちらか確定しないときは，値をxにします。

◆ タイミングチャートと真理値表 重要度：★★☆

タイミングチャートは，論理回路の各信号の状態を時間軸で表したもので，図5に論理和c＝a＋bの例を示します。時間の経過は左から右です。論理回路では，時間的に等間隔のタイミングで信号が変化するように記述します。

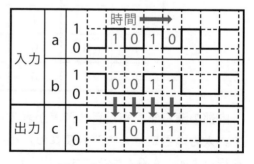

図5：タイミングチャート例

表1に示した論理記号で構成された論理回路のタイミングチャートは，真理値表で表すことができます。図5のタイミングチャートに赤字で信号の値を記入しました。この値で作成した真理値表は，表4です。

表4：図5の真理値表

入力		出力
A	b	C
0	0	0
0	1	1
1	0	1
1	1	1

➔ 2進数の計算

◆2進数とは

重要度：★★★

10進数は，1桁を0から9の10個の数で表します。2進数は1桁を0，1の2個の数で表します。10進数の9を1増やすと，桁上げが生じて10になります。2進数では，01を1増やすと，桁上げが生じて2進数の10になります。2桁の2進数と10進数の対応を表5に示します。

表5：3桁の2進数と10進数の対応

2進数	10進数
00	0
01	1
10	2
11	3

◆2進数から10進数への変換

重要度：★★★

10進数は上の桁が10倍になるので，10進数の123は次の式21で表せます。10^n（n = 1，2，3）を各桁の重み，この10を底といいます。

$$123 = 1 \times 100 + 2 \times 10 + 3 \times 1 = 1 \times 10^2 + 2 \times 10^1 + 3 \times 10^0 \quad \cdots 式21$$

2進数は，桁の重みが2^n（n = 1，2，3）で，底が2になります。2進数の101を10進数で表すと次の式22になります。1である桁の重みを加算することで10進数に変換できます。

$$1 \times 2^2 + 0 \times 2^1 + 1 \times 2^0 = 1 \times 4 + 0 \times 2 + 1 \times 1 = 4 + 0 + 1 = 5 \quad \cdots 式22$$

2進数10桁の各桁（9〜0桁）の重みを表6に示します。上の桁は，下の桁の2倍の重みです。0桁目の整数表現の重み1を起点として，上の桁の重みを2倍にしながら整数表現で表6を作れるようにしてください。

表6：2進数の各桁の重み

2進数の桁		9	8	7	6	5	4	3	2	1	0
重み	指数表現	2^9	2^8	2^7	2^6	2^5	2^4	2^3	2^2	2^1	2^0
	整数表現	512	256	128	64	32	16	8	4	2	1

◆10進数から2進数への変換　　　　　重要度：★★★

　ここでは，表6の桁の重みを用いた方法を説明します。概要は，10進数に含まれる2進数の桁の重みを上の桁から見つけてゆく方法です。

　10進数の266から2進数への変換は，次の流れで行います。表6を用います。

①266に含まれる最も大きい重みは8桁目の256なので，8桁目は1になります。
　266から見つけた重みを減算し，残りを求めます。266 - 256 = 10
②10に含まれる最も大きい重みは3桁目の8なので，3桁目は1になります。
　10から見つけた重みを減算し，残りを求めます。10 - 8 = 2
③2に含まれる最も大きい重みは1桁目の2なので，1桁目は1になります。
　2から見つけた重みを減算します。2 - 2 = 0　残りが0なので終了です。
④2進数の8〜0桁は，①〜③より，1 0000 1010　になります。

　5桁以上の2進数は，下から4桁おきにスペースを入れることで見やすくなります。

◆2進数の加算

　2進数の加算は下の桁から行います。桁上げは1 + 1 = 10で起こり，上の桁の加算に含めます。2進数の0011と1001の加算を次に示します。

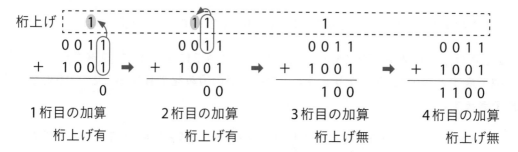

◆2進数の論理演算

2進数では，桁ごとに論理演算を行います。桁上げはありません。2進数の0011と1001の論理演算を次に示します。

```
    0011              0011
 ・ 1001          +  1001
    0001              1011
   論理積             論理和
```

◆2進数から16進数への変換

16進数は1桁を16個の値で表します。使用する値は，数値0〜9と英字A〜F（または，a〜f）です。2進数の4桁は16進数の1桁に対応します。表7に示しました。

2進数から16進数への変換は，2進数の下の桁から4桁ごとに16進数へ置き換えます。次が例です。

```
2進数    110   1111
          ↓     ↓
16進数    6      F
```

表7：2進数と16進数の対応表

2進数	16進数	2進数	16進数
0000	0	1000	8
0001	1	1001	9
0010	2	1010	A
0011	3	1011	B
0100	4	1100	C
0101	5	1101	D
0110	6	1110	E
0111	7	1111	F

練習問題

問い1	答え
図1，図2及び図3に示すベン図において，A，B及びCが，それぞれの円の内部を表すとき，図1，図2及び図3の斜線部分を示すそれぞれの論理式の論理積は，と表すことができる。 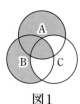 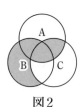 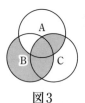 図1　　　図2　　　図3	①$A + B$ ②$A \cdot B \cdot C + \overline{A} \cdot B \cdot \overline{C}$ ③$A \cdot B \cdot C + A \cdot \overline{B} \cdot \overline{C}$ R2-2-基礎-問3(1)

解説

複数のベン図の論理積は，すべてのベン図に共通で含まれる斜線部分になるので，結果は図Aの斜線部になります。

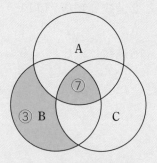

図A：論理積の結果

論理式を求めるために，まず各斜線部分の領域の論理式を求めます。斜線部に書いた③と⑦の論理式は，本文の「図3　ベン図の領域①〜⑦」に対応しており，各々は次のとおりです。

　　③　$\overline{A} \cdot B \cdot \overline{C}$　　⑦　$A \cdot B \cdot C$

全体を求めるために，各式の論理和を計算します。①と②の論理和は次のとおりです。本文の交換則（式11）で入れ換えて，正解を求めます。

$$\overline{A} \cdot B \cdot \overline{C} + A \cdot B \cdot C = A \cdot B \cdot C + \overline{A} \cdot B \cdot \overline{C}$$

ベン図の問題を解くために「図3　ベン図の領域①〜⑦」の各論理式を得られるようにしておいてください。

【解答：②】

類似問題　H30-1-基礎-問3(1)，H28-2-基礎-問3(1)，H25-2-基礎-問3(1)，H24-2-基礎-問3(1)，
　　　　　H22-2-基礎-問3(2)，H22-1-基礎-問3(2)

問い2	答え
表に示す2進数のX_1，X_2を用いて，計算式（加算）$X_0 = X_1 + X_2$からX_0を求め2進数で表記した後，10進数に変換すると，_____になる。 **2進数** $X_1 = 110001100$ $X_2 = 101010101$	① **481** ② **737** ③ **1,474**

H30-1-基礎-問3(2)

解説

X_1とX_2の加算は，次の流れで行います。なお，赤字は計算箇所で，桁上げの黒字は計算結果による桁上げです。　$X_0 = 10\ 1110\ 0001$になります。

```
桁上げ                          1              11             11
X₁     110001100       110001100      110001100      110001100
X₂   + 101010101  ⇒  + 101010101  ⇒  + 101010101  ⇒  + 101010101  ⇒続く
X₀           01             001           0001          00001
```

```
            1              1              1              1
      110001100       110001100      110001100      110001100
続き⇒ + 101010101  ⇒  + 101010101  ⇒  + 101010101  ⇒  + 101010101
        100001        11100001      011100001     1011100001
```

2進数であるX_0を10進数に変換します。X_0で，1となった桁の重みを加算することで，10進数が求まります。2進数の桁と重みは，本文の表6を参考にしてください。

X_0を10進数に変換した結果をX_{0d}とします。次の式で計算します。数字の赤は2進数での各桁の値，黒は桁の重みです。

$$X_{0d} = 1 \times 512 + 0 \times 256 + 1 \times 128 + 1 \times 64 + 1 \times 32 + 0 \times 16 + 0 \times 8 + 0 \times 4 + 0 \times 2 + 1 \times 1$$
$$= 1 \times 512 + 1 \times 128 + 1 \times 64 + 1 \times 32 + 1 \times 1$$
$$= 512 + 128 + 64 + 32 + 1$$
$$= 737$$

【解答：②】

類似問題 R1-2-基礎-問3(1)，H28-2-基礎-問3(2)，H27-1-基礎-問3(2)，H26-1-基礎-問3(2)，
H23-1-基礎-問3(1)

問い3	答え
図に示す論理回路において，入力A及びBから出力Cの論理式を求め変形せずに表すと，C = ☐ となる。 入力A ○— 入力B ○— 図	① $(\overline{A} + \overline{B}) + \overline{\overline{A} \cdot \overline{B}}$ ② $\overline{(A + \overline{B})} \cdot (\overline{A} + \overline{B})$ ③ $A \cdot \overline{B} + (\overline{\overline{A} + \overline{B}})$ H29-2-基礎-問3(2)

解説

　図に内部の素子名と信号名を記入し，図Bにします。入力側から順に論理式にしてゆきます。論理素子と論理演算は，本文の表1を参考にしてください。

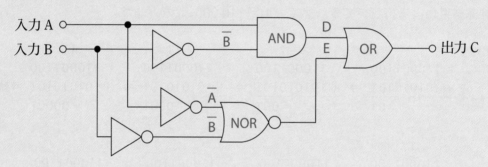

図B：図4に信号名と素子名を記入

ANDの計算　$D = A \cdot \overline{B}$

NORの計算　$E = \overline{\overline{A} + \overline{B}}$

ORの計算　$C = D + E = A \cdot \overline{B} + (\overline{\overline{A} + \overline{B}})$

【解答：③】

類似問題　H27-2-基礎-問3(2)，H18-1-基礎-問3(3)，H17-2-基礎-問3(3)

問い4	答え
図1に示す論理回路において，Mの論理素子が 　　　　　 であるとき，入力a及びbと出力cとの関係は，図2で示される。 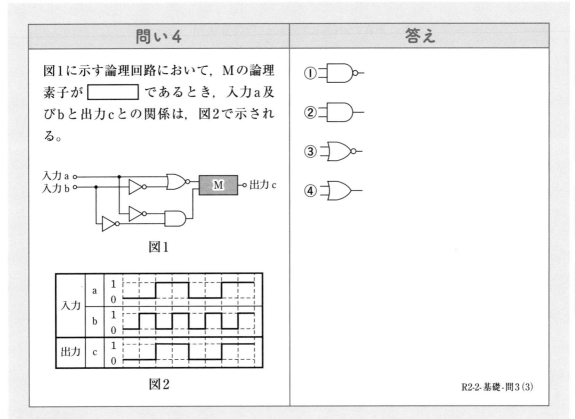	① 　　② 　　③ 　　④

R2-2-基礎-問3(3)

解説

　まず，タイミングチャートから入力と出力の真理値表を作成し，Mの出力cを求めます。次に，回路内の各論理素子の入力と出力を含めた別の真理値表を作成してゆき，Mの入力の値を求めます。最後に，求めたMの入力と出力からMの論理素子を選択します。ここから，詳細な説明をします。理解できているところは省略すればよいので，各自のスタイルを身につけてください。

　図2の信号に0と1の値（赤字）を記入した図Xを作成します。図Xの入力a，入とb，出力cから表Aの真理値表を作成します。真理値表の入力値は，常にこの並びにします。

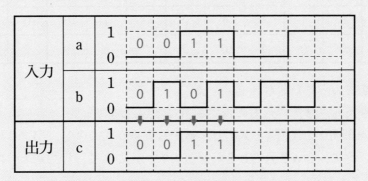

図X：図6に値を記入

表A：タイミングチャートの真理値表

入力		出力
a	b	c
0	0	0
0	1	0
1	0	1
1	1	1

　次に回路図に素子名と信号名を記入します。図Yの赤字です。図Yをもとに，回路の真理値表を次のステップで作成します。表Bが完成した真理値表です。

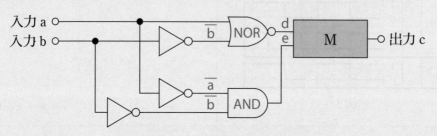

図Y：図5に素子名と信号名を記入

表B：回路図の真理値表

入力		入力の否定		NOR			AND			M		
				入力		出力	入力		出力	入力		出力
a	b	$\bar{a}$	$\bar{b}$	a	$\bar{b}$	d	$\bar{a}$	$\bar{b}$	e	d	e	c
0	0	1	1	0	1	0	1	1	1	0	1	0
0	1	1	0	0	0	1	1	0	0	1	0	0
1	0	0	1	1	1	0	0	1	0	0	0	1
1	1	0	0	1	0	0	0	0	0	0	0	1

①入力a，bを決められた並びで記入します。
②入力a，bを反転させた，入力の否定$\bar{a}$，$\bar{b}$を記入します。
③NOR（否定論理和）の入力aと入力$\bar{b}$を転記します。入力より，出力dを求めます。
④AND（論理積）の入力$\bar{a}$と入力$\bar{b}$を転記します。入力より，出力eを求めます。
⑤Mの入力dと入力eを転記します。出力cは，表Aの出力cを転記します。

Mの入力と出力の関係を整理するために，表BからMだけの真理値表である表Cを作成します。入力は決められた並びにします。表Bより，この回路でのMの入力は同時に1になりません。そのため，表Cの該当欄にはxを記入しておきます。

表C：入出力を並び変えたMの真理値表

入力		出力
d	e	d
0	0	1
0	1	0
1	0	0
x	x	x

表Cより，Mの論理素子を見つけます。本文の表1を参考にしてください。出力cの赤字の値より，選択肢の中にあるNORであることが分かります。表DがNORの真理値表で，出力の赤字の値が一致します。

表D：NORの真理値表

入力		出力
a	b	c
0	0	1
0	1	0
1	0	0
1	1	0

【解答：③】

類似問題 R1-2-基礎-問3（3），H31-1基礎-問3（3），H30-2-基礎-問3（3），H29-2-基礎-問3（3），
H25-2-基礎-問3（3），H24-2-基礎-問3（3）

問い5	答え
次の論理関数Xは，ブール代数の公式等を利用して変形し，簡単にすると，☐になる。 $X = (A + B) \cdot (A + \overline{C}) + (\overline{\overline{A} \cdot \overline{B}}) + (\overline{\overline{A} \cdot C})$	① $A + B + \overline{C}$ ② $A + B \cdot \overline{C}$ ③ 1 R3-1-基礎-問3 (4)

解説

　ここでは，設問の式を，使用する法則ごとに，順番で変形してゆきます。色々な演算の法則を確認できるので，じっくり学んでください。各ステップの赤字は次に演算する部分です。式の後は，次に適用する法則（本文中の式）です。慣れてくれば，複数のステップを一度に論理演算できるようになります。

① $E = (A + B) \cdot (A + \overline{C}) + (\overline{\overline{A} \cdot \overline{B}}) + (\overline{\overline{A} \cdot C})$ 　　ド・モルガンの法則（式18）

② $E = (A + B) \cdot (A + \overline{C}) + (\overline{\overline{A} \cdot \overline{B}}) + (\overline{\overline{A}} + \overline{C})$ 　　基本則（式7）

③ $E = (A + B) \cdot (A + \overline{C}) + (\overline{\overline{A} \cdot \overline{B}}) + (A + \overline{C})$ 　　ド・モルガンの法則（式18）

④ $E = (A + B) \cdot (A + \overline{C}) + (\overline{\overline{A}} + \overline{\overline{B}}) + (A + \overline{C})$ 　　基本則（式7）

⑤ $E = (A + B) \cdot (A + \overline{C}) + (A + B) + (A + \overline{C})$ 　　論理和のべき等則（式9）

⑥ $E = (A + B) \cdot (A + \overline{C}) + A + B + \overline{C}$ 　　分配則（式14）

⑦ $E = A \cdot (A + \overline{C}) + B \cdot (A + \overline{C}) + A + B + \overline{C}$ 　　分配則（式14）

⑧ $E = A \cdot A + A \cdot \overline{C} + A \cdot B + B \cdot \overline{C} + A + B + \overline{C}$ 　　論理積のべき等則（式8）

⑨ $E = A + A \cdot \overline{C} + A \cdot B + B \cdot \overline{C} + A + B + \overline{C}$ 　　論理和のべき等則（式9）

⑩ $E = A + A \cdot \overline{C} + A \cdot B + B \cdot \overline{C} + B + \overline{C}$ 　　分配則でまとめる（式14）

⑪ $E = A \cdot (1 + \overline{C} + B) + B \cdot \overline{C} + B + \overline{C}$ 　　基本則（式4）

⑫ $E = A \cdot 1 + B \cdot \overline{C} + B + \overline{C}$ 　　基本則（式3）

⑬ $E = A + B \cdot \overline{C} + B + \overline{C}$ 　　分配則でまとめる（式14）

⑭ $E = A + B(\overline{C} + 1) + \overline{C}$ 　　基本則（式4）

⑮ $E = A + B \cdot 1 + \overline{C}$ 　　基本則（式3）

⑯ $E = A + B + \overline{C}$

【解答：①】

類似問題 ＞ H29-1-基礎-問3 (4)，H28-1-基礎-問3 (4)，H20-2-基礎-問3 (4)

No. 04 伝送技術

これだけは覚えよう！

電気通信回線

☑ $P = 10 \log_{10} \dfrac{1}{10} = 10 \times (-1) = -10$ 〔dB〕

$P = 10 \log_{10} \dfrac{1}{100} = 10 \times (-2) = -20$ 〔dB〕

☑ 全体の利得P，伝送損失L，増幅器の利得Gの関係。$P = G - L$〔dB〕

☑ 伝送損失L〔dB〕，伝送長ℓ〔km〕，1〔km〕当たりの伝送損失L_nの関係。

$L_n = \dfrac{L \,〔dB〕}{\ell \,〔km〕}$

絶対レベル，信号電力対雑音電力，漏話減衰量

☑ 電力P〔mW〕の絶対レベル　$10 \log_{10} \dfrac{P \,〔mW〕}{1 \,〔mW〕}$〔dBm〕

☑ 信号電力P_S〔mW〕，雑音電力P_N〔mW〕の信号電力対雑音電力

$10 \log_{10} \dfrac{P_S \,〔mW〕}{P_N \,〔mW〕}$〔dB〕

漏話

☑ 信号の進行と反対方向への漏話を近端漏話，同方向への漏話を遠端漏話。

特性インピーダンスZ_0と負荷インピーダンスZ_L

☑ 無限長の線路の入力インピーダンスはZ_0と等しい。

☑ $Z_L = Z_0$で伝送損失なし。$Z_L = \infty$で同位相の全反射。$Z_L = 0$で逆位相の全反射。

回線の接続点での電圧反射係数

☑ 進行する信号電圧V_F，反射する信号電圧V_R

$電圧反射係数 = \dfrac{V_R}{V_F}$

→ 電気通信回線

◆ 電気通信回線の構成 重要度:★★★

基本的な電気通信回線の構成は図1の2とおりです。信号は左から右へ送られます。電気通信回線の構成要素は次のとおりです。

・発振器は，電力P_{in}〔mW〕の信号を発生し，送信します。
・電気通信回線は，信号を伝える線路です。距離が長いほど信号が小さくなります。
・増幅器は，入力した信号を大きくして出力します。
・電力計は，受信した信号の電力P_{out}〔mW〕を測ります。

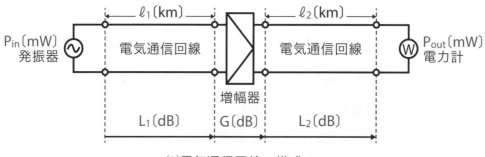

(1)電気通信回線の構成 1

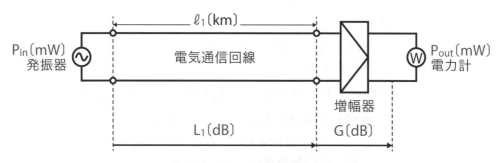

(2)電気通信回線の構成 2

図1：電気通信回線の構成

◆ 電力のデシベル計算 重要度:★★★

通信では，信号の倍率をデシベルに換算して計算します。単位は〔dB〕（デシベル）です。図1のP_{in}〔mW〕に対するP_{out}〔mW〕の倍率$\dfrac{P_{out}〔mW〕}{P_{in}〔mW〕}$から利得P〔dB〕への変換は式1です。電流，電圧の変換では，式1の10（赤字）が20になります。

$$P = 10 \log_{10} \frac{P_{out}\,(mW)}{P_{in}\,(mW)}\,(dB) \quad \cdots 式1$$

$\log_{10}$は常用対数といい，$Y = 10^X$のような指数のYからXを求める式で，次の関係があります。

$$Y = 10^X \quad \Leftrightarrow \quad X = \log_{10} Y \quad \cdots 式2$$

式1の計算例を次に示します。デシベル値は，倍率が10倍のとき10増加し，1/10倍のとき10減ります。赤字の数字の式を確認しておいてください。

$P = 10 \log_{10} 100 = 10 \times 2 = \mathbf{20}\,(dB)$ 　　　$\cdots 式3a$

$P = 10 \log_{10} 10 = 10 \times 1 = \mathbf{10}\,(dB)$ 　　　$\cdots 式3b$

$P = 10 \log_{10} 1 = 10 \times 0 = \mathbf{0}\,(dB)$ 　　　$\cdots 式3c$

$P = 10 \log_{10} \dfrac{1}{10} = 10 \times (-1) = \mathbf{-10}\,(dB)$ 　　$\cdots 式3d$

$P = 10 \log_{10} \dfrac{1}{100} = 10 \times (-2) = \mathbf{-20}\,(dB)$ 　　$\cdots 式3e$

◆ デシベルでの計算　　　　重要度：★★★

倍率での乗除算が，デシベルでは加減算になります。例えば，10倍の増幅を2回行うと，10倍 × 10倍 = 100倍と乗算が必要です。デシベルでは，式3bより10倍は10〔dB〕で，10〔dB〕 + 10〔dB〕 = 20〔dB〕になります。20〔dB〕は，式3aより100倍です。倍率での乗算はデシベルでは加算，倍率での除算はデシベルでは減算になります。倍率の100倍は20〔dB〕，1,000倍は30〔dB〕となり少ない桁数で表せます。

◆ 増幅器の利得，伝送損失　　　　重要度：★★★

増幅器は，入力信号を大きな信号にして出力するので，利得G〔dB〕で表します。電気通信回線は，入力信号が減衰して小さな信号になって出力されるので，伝送損失L〔dB〕で表します。

◆ 電気通信回線の計算　　　　重要度：★★★

図1の電気通信回線において，全体の利得は式1のP〔dB〕です。増幅器の利得は，G〔dB〕です。電気通信回線の伝送損失はL〔dB〕で，次の式です。

構成1の場合　$L = L_1 + L_2$〔dB〕　　$\cdots 式4a$

構成2の場合　$L = L_1$〔dB〕　　　　$\cdots 式4b$

全体の利得P，伝送損失L，増幅器の利得Gの関係は次の式です。

全体の利得Pは，増幅器の利得Gから伝送損失Lを減算して求まります。

$P = G - L$〔dB〕　・・・式5

◆ 伝送損失と伝送路長の関係　　　　　　　重要度：★★★

図1の電気通信回線において，全体の伝送路長 ℓ〔km〕は，次の式で求めます。

構成1の場合　$\ell = \ell_1 + \ell_2$〔km〕　・・・式6a

構成2の場合　$\ell = \ell_1$〔km〕　　　・・・式6b

電気通信回線の1〔km〕当たりの伝送損失 L_n〔dB/km〕は，伝送損失L〔dB〕と伝送路長 ℓ〔km〕より次の式で求めます。

$$L_n \text{〔dB/km〕} = \frac{L \text{〔dB〕}}{\ell \text{〔km〕}} \quad \text{・・・式7}$$

➡ 絶対レベル，信号電力対雑音電力

◆ 絶対レベル　　　　　　　　　　　　　重要度：★★★

絶対レベルは1〔mW〕を基準として，測定点での電力P〔mW〕をデシベル表示した値です。単位は〔dBm〕です。次の式です。

$$\text{絶対レベル〔dBm〕} = 10 \log_{10} \frac{P \text{〔mW〕}}{1 \text{〔mW〕}} \quad \text{・・・式8}$$

◆ 信号電力対雑音電力（S.N比）　　　　　重要度：★★★

信号電力対雑音電力（S/N比）は，信号の電力 P_S〔mW〕に対する雑音の電力 P_N〔mW〕の少なさを表し，次の式です。

$$\text{S/N比〔dB〕} = 10 \log_{10} \frac{P_S \text{〔mW〕}}{P_N \text{〔mW〕}} \quad \text{・・・式9}$$

→ ケーブルの漏話

◆ 漏話，近端漏話，遠端漏話　　　　　　　　　　重要度：★★★

　漏話とは，ある回線の信号が電磁結合によって，雑音として別の回線に伝わることです。漏話には，図2の近端漏話と遠端漏話があります。誘導回線の信号の伝達方向を正の方向としたときに，被誘導回線上で正の方向に表れるものを遠端漏話といい，負の方向に表れるものを近端漏話といいます。

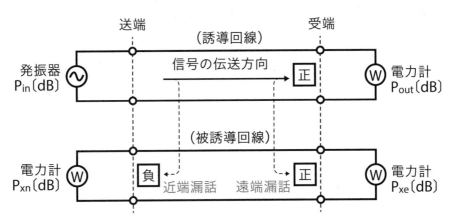

図2：近端漏話と遠端漏話

◆ 漏話減衰量　　　　　　　　　　　　　　　　重要度：★★☆

　漏話減衰量は，漏話の少なさを表します，被誘導回線（漏話を受ける側）の信号電力を P_S〔mW〕，被誘導回線からの漏話の電力を P_X〔mW〕とすると，漏話減衰量は次の式です。

$$漏話減衰量 = 10 \log_{10} \frac{P_S〔mW〕}{P_X〔mW〕}〔dB〕 \quad \cdots 式10$$

➡ 平衡対ケーブルと同軸ケーブルの性質

◆ 平衡対ケーブルの構造　　　　　重要度：★★★

　平衡対ケーブルは，図3(1)のようにビニールなどで表面を被覆した2本の銅線をよった線のことで，撚り対線とも呼ばれます。

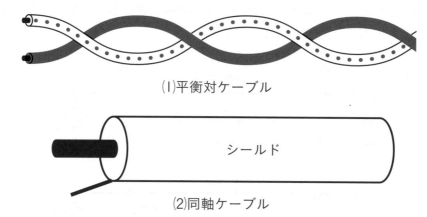

(1)平衡対ケーブル

シールド

(2)同軸ケーブル

図3：平衡対ケーブルと同軸ケーブル

◆ 平衡対ケーブルの漏話，誘導作用，伝送損失　重要度：★★★

　平衡対ケーブル間の電磁的結合による漏話は，被誘導回線に電圧が生じます。平衡対ケーブルでの漏話の特徴は，次のとおりです。
・被誘導回線の漏話は，誘導回線の電流に**比例**する。
・回線間の漏話減衰量が大きくなるほど，**漏話雑音**が小さくなる。
・信号の伝送周波数が高くなると，**漏話減衰量**は**小さくなる**。

　漏話以外の特徴は，次のとおりです。
・電力線からの誘電作用によって誘起される**静電誘導**電圧は，電力線の電圧に比例する。
・伝送する信号の周波数が高くなるほど**伝送損失**が増大する。

◆ 同軸ケーブルの構造　　　　　重要度：★★★

　同軸ケーブルは，図3(2)のように内部導体をシールドと呼ぶ外部導体で覆っています。

◆ 同軸ケーブルでの漏話　　　　　　　　重要度：★★★

同軸ケーブルでの漏話の特徴は，次のとおりです。

・漏話は導電的な結合により生じ，漏話の大きさは，伝送される信号の周波数が低く
なると**大きくなる**。導電とは電気の流れです。

・平衡対ケーブルと比較して，誘導などの妨害を**受けにくい**。

→ 特性インピーダンス

◆ 特性インピーダンス　　　　　　　　　重要度：★★☆

通信回線の特性インピーダンスは，通信ケーブルの材質と構造で決まる固有の値
で，回線の長さには依存しません。次の性質があります。

・無限長の一様線路における入力インピーダンスは，その線路の特性インピーダンス
と**等しい**。

◆ 特性インピーダンスと負荷インピーダンス　　重要度：★★★

電気通信回線では，図4のように受端に負荷インピーダンス Z_L を接続し，信号を Z_L
で受信します。電気通信回線には，特性インピーダンス Z_0 があります。

図4：電気通信回線と特性インピーダンス

受端などの接続点では，送られてきた信号が送信側へ戻る反射があります。反射に
より，伝送損失を生じます。受端での反射において，特性インピーダンス Z_0 と負荷
インピーダンス Z_L には次の関係があります。

・$Z_L = Z_0$ のとき，反射による伝送損失はゼロになる。反射は生じない。

・$Z_L = \infty$ のとき，同位相で全反射される。

・$Z_L = 0$ のとき，逆位相で全反射される。

　∞ は無限大を表します。全反射とは，受信した信号がすべて送信側へ戻ることです。

➡ 回線の接続点での電圧反射係数

◆ 回線の接続点での信号の反射　　　　　　重要度：★★★

　電気通信回線において，図5のように特性インピーダンスが異なる Z_1 と Z_2 の通信回線を接続したときは，接続点で反射が生じます。接続点で電圧が反射する率を電圧反射係数といいます。接続点において，進行する信号波の電圧を V_F，反射する信号波の電圧を V_R としたとき，接続点の電圧反射係数は次の式になります。

$$電圧反射係数 = \frac{V_R}{V_F} \quad \cdots\cdots 式11$$

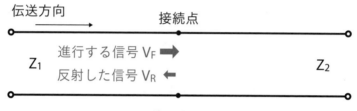

図5：回線の接続点と反射

➡ シリアル伝送

◆ シリアル伝送でのデジタルデータ伝送方式　　重要度：★★★

　シリアル伝送は，一回線を用いて順番にデータを送信します。シリアル伝送によるデジタルデータ伝送方式は，図6のように2進符号をデータ信号のパルスに対応させて送信します。図6では，2進符号の1がパルスあり，0がパルスなしです。

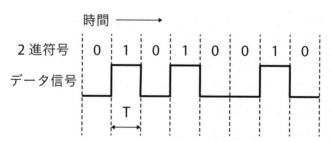

図6：シリアル伝送でのデジタルデータ伝送方式

◆パルス幅とデータ通信速度

　パルス幅T〔ms〕（ミリ秒）は，図6における2進符号の時間幅です。データ信号速度は，1秒間（1000〔ms〕間）に送信する2進符号の数で，単位は〔bps〕（ビット/秒）です。データ通信速度は，周期T〔ms〕から，次の式で計算できます。

$$データ通信速度〔bps〕 = \frac{1000〔m〕}{T〔ms〕} \quad ・・・・・式12$$

問い1	答え
図において，電気通信回線への入力電力が160ミリワット，その伝送損失が1キロメートル当たり0.9デシベル，電力計の読みが1.6ミリワットのとき，増幅器	①**6** ②**16** ③**26** <div align="right">R2-2-基礎-問4（1）</div>

の利得は，□□□□□デシベルである。ただし，入出力各部のインピーダンスは整合しているものとする。

発振器 ⊗ —— 32〔km〕 電気通信回線 —— ▷◁ 増幅器 —— 8〔km〕 電気通信回線 —— W 電力計

解説

電気通信回線全体の入力と出力の利得P〔dB〕を求める式を立てます。本文の式1です。

$$P = 10 \log_{10} \frac{P_{out}〔mW〕}{P_{in}〔mW〕}〔dB〕 = 10 \log_{10} \frac{1.6〔mW〕}{160〔mW〕}〔dB〕 = 10 \log_{10} \frac{1}{100}〔dB〕$$

Pは本文の式3eより-20〔dB〕になります。

$$P = 10 \log_{10} \frac{1}{100}〔dB〕 = \textbf{-20〔dB〕}$$

電気通信回線の伝送損失L〔dB〕を求めるために，全体の全体の伝送路長ℓ〔km〕を求めます。本文の式6aです。

$$ℓ = ℓ_1 + ℓ_2 = 32〔km〕 + 8〔km〕 = \textbf{40〔km〕}$$

電気通信回線の1〔km〕あたりの伝送損失L_nが0.9〔dB〕なので，全体の伝送路長ℓ〔km〕から，電気通信回線全体の伝送損失L〔dB〕を求めます。本文の式7を参考にしてください。

$$L = L_n〔dB/km〕 × ℓ〔km〕 = 0.9〔dB/km〕 × 40〔km〕 = \textbf{36〔dB〕}$$

全体の利得P〔dB〕と伝送損失L〔dB〕から，増幅器の利得G〔dB〕を求めます。本文の式5を変形して式を作ります。

$$P = G - L〔dB〕 \Rightarrow G = P + L〔dB〕$$

全体の利得 P = -20〔dB〕と伝送損失 L = 36〔dB〕を変形した式へ値を代入します。

$G = P + L = -20 + 36 = 16$〔dB〕

【解答：②】

類似問題 H29-2-基礎-問4(1)，H25-1-基礎-問4(1)，H24-1-基礎-問4(1)，H23-1-基礎-問4(1)

問い2	答え
特性インピーダンスが Z_0 の通信線路に負荷インピーダンス Z_1 を接続する場合，□□□□ のとき，接続点での入射電圧波は，同位相で全反射される。	① $Z_1 = Z_0$ ② $Z_1 = \dfrac{Z_0}{2}$ ③ $Z_1 = \infty$ H29-2-基礎-問4(3)

解説

特性インピーダンス Z_0 の電気通信回線の受端で，送られてきた信号が同位相で全反射するのは，負荷インピーダンス Z_1 が無限大（記号は∞）のときです。波が硬い壁にぶつかり，跳ね返るイメージです。

類似問題での解説は，次のとおりです。

・負荷インピーダンス Z_1 の値が特性インピーダンス Z_0 と同じ場合は，反射は起こりません。反射は，インピーダンスの不一致で生じます。

・負荷インピーダンス Z_1 の値が0の場合は，逆位相で全反射が起こります。受端の両端子が接続された状態なので，一方の線から流れ込んだ信号が他方の線から戻るイメージです。

【解答：③】

類似問題 R1-2-基礎-問4(2)，H31-1-基礎-問4(4)

問い3	答え
通信線路の接続点に向かって進行する信号波の接続点での電圧をV_Fとし，接続点で反射される信号波の電圧をV_Rとしたとき，接続点における電圧反射係数は □ で表される。	① $\dfrac{V_R}{V_F + V_R}$ ② $\dfrac{V_F - V_R}{V_F}$ ③ $\dfrac{V_F}{V_R}$ ④ $\dfrac{V_R}{V_F}$ R2-2-基礎-問4(3)

解説

電圧反射係数は，通信線路と通信線路を接続した点で電圧の反射が生じる割合を表します。接続点における反射される信号の電圧V_Rを伝送されている信号の電圧V_Fで割った値になります。本文の式11です。

【解答：④】

類似問題 なし。同一問題が8回出題

問い4	答え
ケーブルにおける漏話について述べた次の二つの記述は， □ 。 A　同軸ケーブルの漏話は，導電結合により生ずるが，一般に，その大きさは，通常の伝送周波数帯域において伝送される信号の周波数が低くなると大きくなる。 B　平衡対ケーブルを用いて構成された電気通信回線間の電磁結合による漏話は，心線間の相互誘導作用により生ずるものであり，その大きさは，誘導回線の電流に反比例する。	①Aのみ正しい ②Bのみ正しい ③AもBも正しい ④AもBも正しくない R2-2-基礎-問4(2)

解説

A　同軸ケーブルの電磁結合による漏話は，信号の周波数が低くなると大きくなるので正しいです。

B　平衡対ケーブルの電磁結合による漏話は，誘導回線の電流に比例するので誤りで

す。

類似問題は，本文の「平衡対ケーブルと同軸ケーブルの性質」の箇条書きを参考にしてください。

【解答：①】

類似問題 R1-2-基礎-問4(3)，H30-2-基礎-問4(2)，H21-2-基礎-問4(2)，H21-1-基礎-問4(3)，H20-2-基礎-問4(2)

問い5	答え
誘導回線の信号が被誘導回線に現れる漏話のうち，誘導回線の信号の伝送方向を正の方向とし，その反対方向を負の方向とすると，負の方向に現れるものは，□□□□漏話といわれる。 <div align="right">H28-2-基礎-問4(3)</div>	①直接 ②間接 ③遠端 ④近端

解説

負の方向は，誘導回線の送端と同じ側の被誘導回線の端であり，この方向に現れるのは近端漏話です。本文の図2を参考にしてください。

【解答：④】

類似問題 H27 1 基礎-問4(3)

問い6	答え
平衡対ケーブルにおける誘導回線の信号電力をP_Sミリワット，被誘導回線の漏話による電力をP_Xミリワットとすると，漏話減衰量は，□□□□デシベルである。 <div align="right">R1-2-基礎-問4(4)</div>	① $10 \log_{10} \dfrac{P_S}{P_X}$ ② $10 \log_{10} \dfrac{P_X}{P_S}$ ③ $20 \log_{10} \dfrac{P_S}{P_X}$ ④ $20 \log_{10} \dfrac{P_X}{P_S}$

解説

本文の「漏話減衰量」を参照してください。本文の式10です。

【解答：①】

類似問題 なし。同一問題が2回出題

問い7	答え
信号電力をP_Sワット，雑音電力をP_Nワットとすると，信号電力対雑音電力比は，　　　　　デシベルである。	① $10 \log_{10} \dfrac{P_N}{P_S}$ ② $10 \log_{10} \dfrac{P_S}{P_N}$ ③ $20 \log_{10} \dfrac{P_N}{P_S}$ ④ $20 \log_{10} \dfrac{P_S}{P_N}$ H30-1-基礎-問4(4)

解説

本文の「信号電力対雑音電力(S.N比)」を参照してください。本文の式9です。

【解答：②】

類似問題 なし。同一問題が6回出題

問い8	答え
ミリワットの電力を絶対レベルで表すと，10〔dBm〕である。	① 1 ② 10 ③ 100 R2-2-基礎-問4(4)

解説

電力〔mW〕から絶対レベル〔dBm〕への変換は本文の式8です。絶対レベル〔dBm〕は，1〔mW〕を基準としたレベルになります。

$$絶対レベル = 10 \log_{10} \frac{P〔mW〕}{1〔mW〕} 〔dBm〕$$

絶対レベルへ10〔dBm〕を代入します。

$$10 = 10 \log_{10} \frac{P〔mW〕}{1〔mW〕} 〔dBm〕$$

式を変形し，対数を指数に書き換えて計算します。

$$1 = \log_{10} P \quad \Rightarrow \quad P = 10^1 = 10〔mW〕$$

【解答：②】

類似問題 H30-2-基礎-問4(4)，H26-2-基礎-問4(4)，H21-2-基礎-問4(4)

問い9	答え
データ信号速度は1秒間に何ビットの データを伝送するかを表しており，シリ アル伝送によるデジタルデータ伝送方式 において，図に示す2進符号によるデー タ信号を伝送する場合，データ信号のパ ルス幅Tが2.5ミリ秒のとき，データ信 号速度は □ ビット/秒である。	① 125 ② 250 ③ 400

2進符号　0 ┊ 1 ┊ 0 ┊ 1 ┊ 0 ┊ 0 ┊ 1 ┊ 0
データ信号

T

第1章　第2章　第3章　第4章

R3-1-基礎-問4(3)

解説

データ信号速度は，1秒間に送信する2進符号数で，本文の式12で計算します。

$$データ通信速度 = \frac{1000 (m)}{T (ms)} = \frac{1000 (m)}{2,.5 (ms)} = 400 (bps)$$

〔bps〕は〔ビット/秒〕です。

【解答：③】

類似問題　なし。同一問題が2回出題

これだけは覚えよう！

デジタル信号の変調

☑ SSBは，振幅変調によって生じた上側波帯と下側波帯のいずれかを使用する。

☑ 搬送波に対して，ASKは振幅を，FSKは周波数を，PSKは位相を変化させる。

☑ 多値符号は，伝送路の帯域を変えずに情報の伝送速度を上げる。

複数信号の多重化方式

☑ TDM方式は信号を異なる時間位置に配列し，FDM方式は異なる周波数に乗せる。

アナログ信号のデジタル信号変換

☑ 標本化定理より，サンプリング周波数を入力信号の最高周波数の2倍にする。

デジタル伝送方式の雑音，誤り検出・訂正，品質の評価尺度

☑ 量子化雑音は，アナログ信号をデジタル信号に変換する過程で生じる。

☑ 誤り検出・訂正符号には，CRC符号やハミング符号がある。

☑ BERは，伝送されたビット数に対する，受信したビットエラー数の割合。

☑ %SESは，1秒間のビットエラー率が 1×10^{-3} を超える割合。

☑ %ESは，ビットエラーを発生した延べ秒数が稼働時間に占める割合。

光伝送

☑ シングルモード光ファイバは，マルチモード光ファイバより，コア径が小さい。

☑ 分散は，受信端での信号の到達時間に差が生じる現象。

☑ ショット雑音は，受光電流の揺らぎで生ずる。

☑ 直接変調方式は光源を変調し，外部変調方式は通過光を強度や位相で変調する。

☑ WDM技術は，1心の光ファイバによる異なる周波数を用いた双方向通信を行える。

☑ 光スプリッタ，光スターカプラは，光信号のまま分岐・結合を行うデバイス。

→ デジタル信号の変調，パルス変調

◆ 変調方式の種類   重要度：★☆☆

　変調とは，入力信号を伝送しやすい
信号へ変換することです。変調した信
号を伝送し，受信側で元の入力信号に
復調します。伝送に適している正弦波
を搬送波として，入力信号に応じて搬
送波を変化させることで変調を行いま
す。デジタル信号の変調は，図1に示
し　た ASK（Amplitude Shift Keying），
FSK（Frequency Shift Keying），PSK
（Phase Shift Keying）の3種類があり
ます。図4に示した，方形パルスを用
いた PWM もあります。

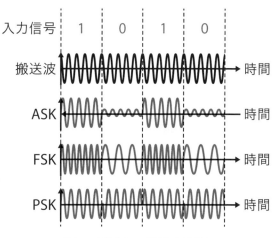

図1：デジタル信号の変調

◆ ASK   重要度：★★☆

　ASK は振幅変調とも呼ばれ，入力信号に応
じて搬送波の振幅を変化させる変調方法で
す。変調後の信号の周波数分布は，図2（1）
のように，搬送波の周波数の両側に上側波帯
と下側波帯と呼ばれる信号分布が現れ，どち
らも入力信号を含んでいます。この特徴を生
かした，図2（2）の SSB（Single Side Band）
伝送があり，次の方法です。

・振幅変調によって生じた上側波帯と下側波
　帯のいずれかを用いて信号を伝送する方法
　は SSB 伝送。

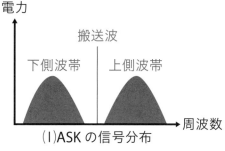

（1）ASK の信号分布

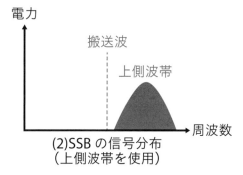

(2)SSB の信号分布
（上側波帯を使用）

図2：ASKとSSB伝送

◆FSK 重要度：★★☆

FSKは，入力信号に応じて搬送波の**周波数**を変化させる変調方法です。

◆PSK 重要度：★★☆

PSKは，入力信号に応じて搬送波の**位相**を変化させる変調方法です。

◆多値符号 重要度：★★☆

多値符号は，1回の変調で複数の桁を送る技術で，伝送路の帯域を**変えず**に情報の伝送速度を**上げる**ことが目的です。図1では，変調に0と1の2パターンを用いました。多値符号の例として，図3のように，PSKの変調に4つのパターンを用いることで，1回の変調で入力信号の2桁を送ることができます。

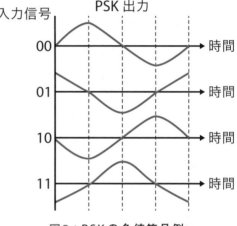

図3：PSKの多値符号例

◆PWM（Pulse Width Modulation：パルス幅変調） 重要度：★★☆

PWMは，搬送波として連続する方形パルスを使用し，入力信号の振幅に応じて方形パルスの**幅**を変化させる変調方法です。

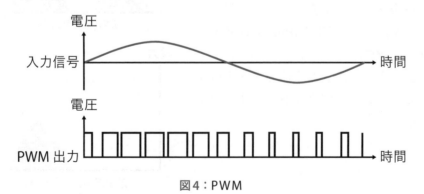

図4：PWM

多重化と多元接続

多重化と多元接続　　　重要度：★★★

多重化は，複数の信号を束ねて同一伝送路で通信する技術です。時間を利用したTDM（Time Division Multiplexing：時分割多重），周波数を利用したFDM（Frequency Division Multiplexing：周波数分割多重）があります。

多元接続（Multiple Access）は，複数のユーザが伝送路を共有して通信する技術で，多重化を利用します。多元接続には，TDMを用いたTDMA（Time Division Multiple Access：時分割多元接続）とFDMを用いたFDMA（Frequency Division Multiple Access：周波数分割多元接続）があります。

TDMとTDMA　　　重要度：★★★

TDMによる2つの信号の多重化を，図5に示します。送信側の多重化では，信号Aと信号Bを一定期間でA₁，A₂のように分割し，分割した信号を多重数倍（ここでは2倍）の速度にして，順番に伝送します。受信した信号は，信号別に分離して元の速度にすることで，各信号を復元します。TDMで多重化した1周期をフレームと呼び，送信側と受信側でタイミングの同期（フレーム同期）が必要です。各信号が入るタイミングをタイムスロットと呼びます。

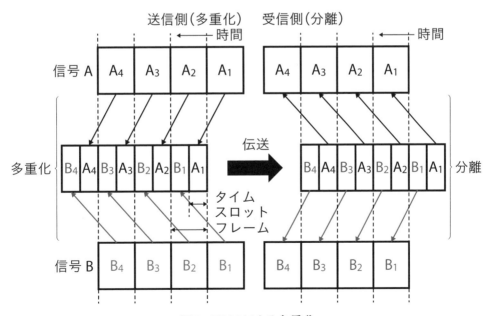

図5：TDMによる多重化

TDMとTDMAのポイントは，次です。

・デジタル伝送における信号の多重化には，複数の信号を時間的にずらして配列する
TDM方式がある。

・多重化する複数の信号を異なる時間位置に配列して時間的に区分し，一つの高速デ
ジタル信号として伝送する方式は，TDM方式といわれる。

・複数のユーザが同一伝送路を時分割（時間的に分割）して利用する多元接続方式で
あるTDMA方式では，一般に，基準信号を元にフレーム同期を確立する必要があ
る。

・ユーザごとに割り当てたタイムスロットを使用し，同一の伝送路を複数のユーザが
時分割して利用する多元接続方式は，TDMAといわれる。

◆FDMとFDMA 重要度：★★☆

FDMによる2つの信号の多重化を，図6
に示します。信号ごとに異なる周波数の搬
送波に乗せて伝送する方式です。

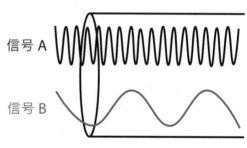

信号A

信号B

図6：FDMによる多重化

FDMとFDMAのポイントは，次です。

・多重化する複数の信号を異なる周波数の搬送波に乗せて周波数軸上に並べ，これを
含む周波数帯を一つの信号と同様に扱って伝送する方式は，FDM方式といわれる。

・伝送周波数帯を複数の周波数に分割し，各帯域にそれぞれ別チャネルを割り当てる
ことにより，複数利用者が同時に通信を行うことができる多元接続方式は，FDMA
といわれる。

→ アナログ信号のデジタル信号変換

◆ アナログ信号のデジタル化　　　　　重要度：★★★

　音声などのアナログ信号（原信号）をデジタル信号（2進数）に変換する方法を，図7 (1) に示しました。PCMは，パルス符号変調の略称です。概要は次のとおりです。

①低域通過フィルタで，雑音となる高い周波数成分の信号を除去する。

②標本化（サンプリング）で，信号の大きさを一定周期で抽出する。

③量子化で，抽出した大きさを数値化する。

④符号化で，数値を決められた形式の2進数に変換する。

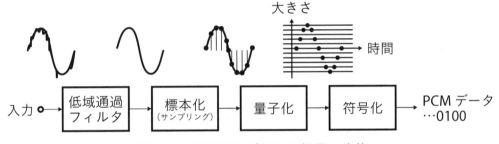

(1)アナログ信号をデジタル信号へ変換

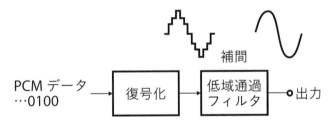

(2)デジタル信号からアナログ信号の復号

図7：アナログ信号のデジタル化

　PCMデータをアナログ信号に戻すステップを，図7 (2) に示しました。概要は次のとおりです。

①復号化でPCMデータを信号に戻する。階段状の部分は不要な高い周波数成分。

②低域通過フィルタで，高い周波数成分の信号を除去して標本化前の信号に戻す。

◆ 標本化定理　　　　　重要度：★★★

　アナログ信号をデジタル信号に変換できる上限の周波数は，標本化でアナログ信号

を抽出する間隔と関係があり，標本化定理といいます。標本化を1秒間に行う回数を
サンプリング周波数f_s〔Hz〕，デジタル信号に変換できる上限の周波数f_c〔Hz〕とする
と，次の式が成り立ちます。

$$f_c = \frac{1}{2}f_s \text{〔Hz〕} \quad \cdots\cdots \text{式1（標本化定理）}$$

ポイントは，次です。

・標本化定理によれば，サンプリング周波数を，アナログ信号に含まれている**最高周
波数の2倍以上**にすると，元のアナログ信号の波形の復元ができると言われている。

◆ 伝送の帯域　　　　　　　　　　　　　　　　　　　　重要度：★★☆

標本化周波数〔Hz〕で1秒間のデジタルデータ数が決まり，量子化と符号化で1つ
のデータのビット幅〔bit〕が決まるので，伝送に必要な帯域〔bps〕は，次の式になり
ます。

帯域〔kbps〕＝標本化周波数〔kHz〕×ビット幅〔bit〕　　・・・・・式2

⊙ デジタル伝送方式の雑音，誤り検出・訂正，品質の評価尺度

◆ 再生中継伝送と雑音　　　　　　　　　　　　　　　　　重要度：★★☆

伝送路が長くなるほど，入力信号の減衰や雑音によって，信号は劣化します。この
対策として，図8のように伝送路の途中に再生中継器を置きます。再生中継器は，入
力される信号の1か0を読み取り，新たなパルスとして送信します。ポイントは，次
です。

・再生中継伝送を行っているデジタル伝送方式では，**中継区間**で発生した雑音や波形
ひずみは，次の中継区間には伝達**されない**。

図8：再生中継伝送

◆ 量子化雑音

重要度：★★☆

量子化雑音は，アナログ信号をデジタル信号に変換する過程で生じます。量子化において，図9のように入力信号と出力データに塗りつぶした部分の誤差（量子化誤差）が生じ，この誤差が量子化雑音になります。

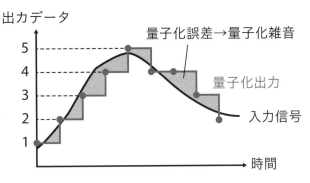

図9：量子化雑音

◆ ジッタ

重要度：★☆☆

ジッタは，伝送するパルスの列の遅延時間の揺らぎです。再生中継器のタイミングパルス（動作タイミングを決めるパルス）の間隔のふらつきや共振回路（パルスを生成）の同期周波数のずれが一定でないことなどが原因です。

◆ 誤り検出・訂正符号

重要度：★★☆

デジタル信号の伝送において，CRC符号やハミング符号は，伝送路などで生じたビット誤りの検出や訂正のための符号として利用されています。図10のように，送信側で，送信するデータを計算式に入力し，誤り検出・訂正符号を求め，データに付与して送信します。受信側でもデータを計算式に入力し，求めた誤り検出・訂正符号と受信したものを比較し，一致していれば正常と判断します。計算式の違いにより，CRC符号，ハミング符号があり，ハミング符号はビット誤りの訂正もできます。

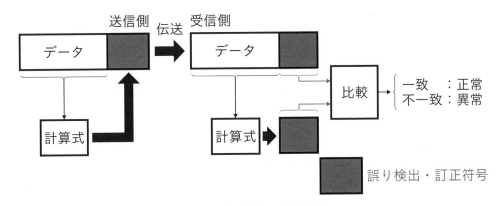

図10：誤り検出・訂正符号

◆伝送品質の評価尺度 重要度:★★★

伝送品質の評価尺度は，ビットエラー（符号誤り）率を評価するBER（Bit Error Rate：符号誤り率），%SES（Severely Errored Seconds），%ES（Errored Seconds），及び時間的な遅れを評価する伝送遅延時間があります。ポイントは，次です。

- ・BERは，測定時間内に伝送されたビットの総数に対する，その間に受信されたビットエラーの総数の割合です。
- ・%SESは，1秒ごとに平均ビットエラー率を測定し，1×10^{-3}を超えるビットエラー率の発生した延べ秒数が稼働時間に占める割合です。
- ・%ESは，1秒ごとにビットエラーの有無を測定し，ビットエラーの発生した延べ秒数が稼働時間に占める割合です。
- ・伝送遅延時間は，伝送路での伝搬に要する時間のほか，再生中継器などでのバッファメモリ（一時保存のメモリ）への書き込みや読み出しによる遅れ時間です。

%SESと%ESは，1秒ごとのビットエラーを測定しているので，ある時間帯に集中的にビットエラーが発生しているかの指標になります。

➡ 光伝送技術

◆光伝送システム 重要度:★★★

光伝送システムの概要を図11に示します。送信側は，入力された電気信号をもとに，光を変調して，光ファイバへ出力します。光源となる発光素子は，LD（半導体レーザ）やLED（発光ダイオード）などです。これら半導体のpn接合に順バイアスを加えたとき，光信号が出力されます。受信側は，光を電気信号に変換する受光，変調された信号を元に戻す復調によって，電気信号に戻します。

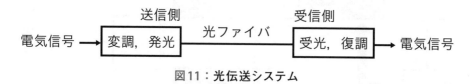

図11：光伝送システム

◆光ファイバ

光ファイバは，図12のように内側がコア，外側がクラッドの2重構造です。コアに光信号を入力し，コアの屈折率がクラッドより高いのでクラッドとの境界面で光が

反射して，クラッドに漏れずに光はコア内を進みます。

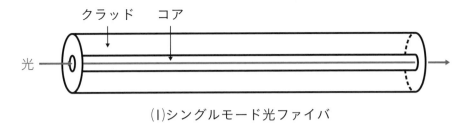

(1)シングルモード光ファイバ

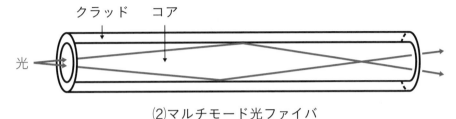

(2)マルチモード光ファイバ

図12：光ファイバの構造

◆ シングルモード光ファイバとマルチモード光ファイバ　重要度：★★☆

　光ファイバは，光の**伝搬モード**により，シングルモード光ファイバとマルチモード光ファイバがあります。図12 (1) のシングルモード光ファイバは，単一の経路で光が伝搬します。図12 (2) のマルチモード光ファイバは複数の経路で光が伝搬します。

　両者を比較すると，シングルモード光ファイバは**コア径が小さく**，長距離，高速伝送に適しています。

◆ 光伝送の劣化要因　重要度：★★☆

　光ファイバ内において，光の伝搬速度がモードや波長により異なり，受信端での信号の到達時間に差が生ずる現象は，**分散**といわれ，パルス幅が広がる要因です。

　受信側の雑音のうち，受光時に電子が不規則に放出されることにより生ずる受光電流の揺らぎによるものは，**ショット**雑音といわれます。

◆ 光変調方式　重要度：★★★

　光ファイバ通信における光変調は，図13 (1) の直接変調方式と図13 (2) の外部変調方式があります。ポイントは，次です。

・**直接**変調方式は，LEDやLDなどの光源を駆動する電流を変化させることによって，電気信号から光信号への変換を行います。

・外部変調方式は，光が通過する媒体の屈折率や吸収係数を変化させることによって，光の属性である**強度**，周波数，**位相**などを変化させています。

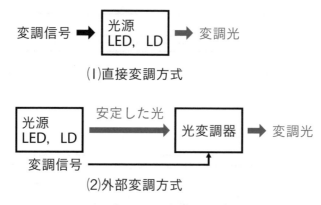

（1）直接変調方式

（2）外部変調方式

図13：光ファイバ伝送の光変調方式

◆WDM（Wavelength Division Multiplexing：波長分割多重方式） 重要度：★★☆

　光ファイバで双方向通信を行う方法として，**WDM**技術があります。WDMは異なる波長で複数の入力信号を多重化する方法です。1心（1本）の光ファイバで上りの信号と下りの信号に別の波長を割り当て，同時に送受信します。

◆光スプリッタ，光スターカプラ 重要度：★★☆

　光スプリッタ，光スターカプラは，光信号を電気に変換することなく，光信号の分岐・結合を行うデバイスで，**光分岐・結合器**ともいわれます。

練習問題

問い1	答え
デジタル信号の変調において，デジタルパルス信号の1と0に対応して正弦搬送波の周波数を変化させる方式は，一般に，□□□□□□といわれる。	①ASK ②FSK ③PSK H31-1-基礎-問5(2)

解説

本文の「デジタル信号の変調，パルス変調」の「◆FSK」を参照してください。

【解答：②】

類似問題 R2-2-基礎-問5(1)，H30-2-基礎-問5(1)，H29-2-基礎-問5(1)，H29-1-基礎-問5(1)

問い2	答え
振幅変調によって生じた上側波帯と下側波帯のいずれかを用いて信号を伝送する方法は，□□□□□□伝送といわれる。	①VSB ②SSB ③DSB R3-1-基礎-問5(1)

解説

本文の「デジタル信号の変調，パルス変調」の「◆ASK」を参照してください。

【解答：②】

類似問題 なし。同一問題が4回出題

問い3	答え
デジタル伝送に用いられる伝送路符号には，伝送路の帯域を変えずに情報の伝送速度を上げることを目的とした□□□□□□符号がある。	①ハミング ②CRC ③多値 H30-2-基礎-問5(4)

解説

本文の「デジタル信号の変調，パルス変調」の「◆多値符号」を参照してください。

【解答：③】

類似問題 なし。同一問題が7回出題

問い4	答え
多重化方式について述べた次の二つの記述は， ☐ 。 A　多重化する複数の信号を異なる時間位置に配列して時間的に区分し，一つの高速デジタル信号として伝送する方式は，TDM方式といわれる。 B　多重化する複数の信号を異なる周波数の搬送波に乗せて周波数軸上に並べ，これを含む周波数帯域を一つの信号と同様に扱って伝送する方式は，FDM方式といわれる。	①Aのみ正しい ②Bのみ正しい ③AもBも正しい ④AもBも正しくない R2-2-基礎-問5(4)

解説

A　正しい。本文の「多重化と多元接続」の「◆TDMとTDMA」を参照してください。
B　正しい。本文の「多重化と多元接続」の「◆FDMとFDMA」を参照してください。

【解答：③】

類似問題 H31-1-基礎-問5(1)，H30-1-基礎-問5(2)，H28-2-基礎-問5(2)，H28-1-基礎-問5(2)，H27-1-基礎-問5(2)，H24-1-基礎-問5(5)，

問い5	答え
標本化定理によれば，サンプリング周波数を，アナログ信号に含まれている ☐ の2倍以上にすると，元のアナログ信号の波形が復元できるとされている。	①最低周波数 ②平均周波数 ③最高周波数 R1-2-基礎-問5(2)

解説

本文の「アナログ信号のデジタル信号変換」の「◆標本化定理」を参照してください。

【解答：③】

類似問題 H23-1-基礎-問5(2)，H22-2-基礎-問5(2)，H22-2-基礎-問5(3)，H21-2-基礎-問5(2)，H21-1-基礎-問5(3)

問い6	答え
デジタル伝送方式における雑音などについて述べた次の二つの記述は，□□□□。 A　再生中継伝送を行っているデジタル伝送方式では，中継区間で発生した雑音や波形ひずみは，一般に，次の中継区間には伝達されない。 B　アナログ信号をデジタル信号に変換する過程で生ずる雑音には，量子化雑音がある。	①Aのみ正しい ②Bのみ正しい ③AもBも正しい ④AもBも正しくない H31-1-基礎-問5(4)

解説

A　正しい。本文の「デジタル伝送方式の雑音，誤り検出・訂正，品質の評価尺度」の「◆再生中継伝送と雑音」を参照してください。

B　正しい。本文の「デジタル伝送方式の雑音，誤り検出・訂正，品質の評価尺度」の「◆量子化雑音」を参照してください。

【解答：③】

類似問題　H24-2-基礎-問5(3)，H22-1-基礎-問5(2)，H22-1-基礎-問5(4)，H19-2-基礎-問5(2)

問い7	答え
伝送するパルス列の遅延時間の揺らぎは，□□□□といわれ，光中継システムなどに用いられる再生中継器においては，タイミングパルスの間隔のふらつきや共振回路の同調周波数のずれが一定でないことなどに起因している。	①ジッタ ②相互変調 ③干渉 H30-2-基礎-問5(5)

解説

本文の「デジタル伝送方式の雑音，誤り検出・訂正，品質の評価尺度」の「◆ジッタ」を参照してください。

【解答：①】

類似問題　なし。同一問題が3回出題

問い8	答え
デジタル信号の伝送において，ハミング符号や □ 符号は，伝送路などで生じたビット誤りの検出や訂正のための符号として利用されている。<div align="right">R3-1-基礎-問5(2)</div>	① AMI ② B8ZS ③ CRC

解説

本文の「デジタル伝送方式の雑音，誤り検出・訂正，品質の評価尺度」の「◆誤り検出・訂正符号」を参照してください。

【解答：③】

類似問題 > H25-1-基礎-問5(4)

問い9	答え
デジタル伝送路などにおける伝送品質の評価尺度の一つであり，測定時間中に伝送された符号（ビット）の総数に対する，その間に誤って受信された符号（ビット）の個数の割合を表したものは □ といわれる。<div align="right">R1-2-基礎-問5(3)</div>	① BER ② %EFS ③ %SES

解説

本文の「デジタル伝送方式の雑音，誤り検出・訂正，品質の評価尺度」の「◆伝送品質の評価尺度」を参照してください。

【解答：①】

類似問題 > H25-2-基礎-問5(4)，H23-2-基礎-問5(4)，H19-2-基礎-問5(4)

問い10	答え
デジタル信号の伝送系における品質評価尺度の一つに，測定時間中のある時間帯にビットエラーが集中的に発生しているか否かを判断するための指標となる ☐ がある。	①BER ②MOS ③%ES R3-1-基礎-問5(5)

解説

本文の「デジタル伝送方式の雑音，誤り検出・訂正，品質の評価尺度」の「◆伝送品質の評価尺度」を参照してください。

【解答：③】

類似問題 なし。同一問題が6回出題

問い11	答え
石英系光ファイバには，シングルモード光ファイバとマルチモード光ファイバがあり，一般に，シングルモード光ファイバのコア径はマルチモード光ファイバのコア径と ☐ 。	①比較して大きい ②比較して小さい ③同じである R2-2-基礎-問5(3)

解説

本文の「光伝送技術」の「◆シングルモード光ファイバとマルチモード光ファイバ」を参照してください。

【解答：②】

類似問題 H19-2-基礎-問5(5)，H17-2-基礎-問5(5)

問い12	答え
光ファイバ内における光の伝搬速度がモードや波長により異なり，受信端での信号の到達時間に差が生ずる現象は，□□□といわれ，デジタル伝送においてパルス幅が広がる要因となっている。	①散乱 ②群速度 ③分散 H27-1-基礎-問5(5)

解説

本文の「光伝送技術」の「◆光伝送の劣化要因」を参照してください。

【解答：③】

類似問題 R2-2-基礎-問5(5)

問い13	答え
伝送媒体に光ファイバを用いて双方向通信を行う方式として，□□□技術を利用して，上り方向の信号と下り方向の信号にそれぞれ別の光波長を割り当てることにより，1心の光ファイバで上り方向の信号と下り方向の信号を同時に送受信可能とする方式がある。	①PAM ②PWM ③WDM R1-2-基礎-問5(5)

解説

本文の「光伝送技術」の「◆WDM」を参照してください。

【解答：③】

類似問題 なし。同一問題が5回出題

問い14	答え
光ファイバ通信における光変調方式の一つである外部変調方式では，光を透過する媒体の屈折率や吸収係数などを変化させることにより，光の属性である　□□□□，周波数，位相などを変化させている。	①強度 ②スピンの方向 ③利得 R3-1-基礎-問5(4)

解説

本文の「光伝送技術」の「◆光変調方式」を参照してください。

【解答：①】

類似問題　R1-2-基礎-問5(4)，H29-2-基礎-問5(2)

問い15	答え
光アクセスネットワークなどに使用されている光スプリッタは，光信号を電気信号に変換することなく，光信号の　□□□□　を行うデバイスである。	① 分岐・結合 ② 変調・復調 ③ 発光・受光 H30-1-基礎-問5(5)

解説

本文の「光伝送技術」の「◆光スプリッタ，光スターカプラ」を参照してください。

【解答：①】

類似問題　H29-1-基礎-問5(2)

第 2 章

端末設備の接続のための技術及び理論

本章では，通信技術である通信プロトコル，LAN 技術，WAN 技術，セキュリティ技術，通信の工事技術を学びます。分野ごとに出題範囲や出題パターンをまとめてあります。これまで，計算問題は出題されていません。内容を理解し，解説に含まれる赤字部分を回答できるようにしてください。

この章の内容

これだけは覚えよう！

OSI 参照モデル

- ☑ 物理層は，信号レベルなどの電気的条件，コネクタ形状などの機械的条件を規定。

- ☑ 物理層は，物理コネクションの確立・維持・開放をする手段を提供。

- ☑ データリンク層は，隣接ノード間のデータを転送するサービスを提供。

- ☑ ネットワーク層は，端末のアドレス付け，経路選択などの機能を提供。

TCP/IP のプロトコル階層モデル

- ☑ インターネット層の機能を用いてルータは，異なる LAN 間を接続。

- ☑ インターネット層は，OSI 参照モデルのネットワーク層。

- ☑ ネットワークインタフェース層は，OSI 参照モデルの物理層とデータリンク層。

IP アドレス

- ☑ マルチキャストはグループ化された複数端末が宛先で，ストリーミングで利用。

- ☑ NAT は，グローバル IP アドレスとプライベート IP アドレスの相互変換。

- ☑ IPv6 アドレスは，128 ビットを 16 ビットずつ 8 ブロックに分けた 16 進表記。

ICMP

- ☑ ping コマンドは，初期設定の 32 バイトのデータを送信し，返信で接続の正常性を確認。

- ☑ tracert コマンドは，ICMP メッセージで宛先までの経路を調査

ICMPv6

- ☑ ICMPv6 は，IPv6 に不可欠なプロトコルで，すべての IPv6 ノードに実装。

- ☑ ICMPv6 のメッセージは，エラーメッセージと情報メッセージに大別。

DHCP

☑ ルータなどが持つDHCPサーバ機能へ端末がアクセスしてIPアドレスを取得。

MTU

☑ MTUは,データリンク層でフレームが送信可能なデータの最大長。

➡ プロトコル階層モデル

◆ プロトコル階層モデル　　　　　　重要度:★☆☆

通信プロトコルは, コンピュータ間で通信を行うための手順や規約です。通信プロトコルが持つ機能を分類・整理して階層化したのがプロトコル階層モデルです。プロトコル階層モデルを図1に示します。異機種間の通信を目的としたOSI(Open Systems Interconnection)参照モデル, インターネットで標準的に用いられているTCP/IPのプロトコル階層モデルがあります。伝送媒体は, 通信データが流れるケーブルや無線通信の空間です。層をレイヤともいいます。

第7層	アプリケーション層			
第6層	プレゼンテーション層	第4層	アプリケーション層	
第5層	セッション層			
第4層	トランスポート層	第3層	トランスポート層	
第3層	ネットワーク層	第2層	インターネット層	
第2層	データリンク層	第1層	ネットワーク	
第1層	物理層		インタフェース層	
	伝送媒体		伝送媒体	

(1)OSI参照モデル　　　　　(2)TCP/IPのプロトコル階層モデル

図1:プロトコル階層モデル

◆ プロトコル階層モデル間の対応　　　　重要度:★★☆

OSI参照モデルとTCP/IPのプロトコル階層モデルには, 図1の点線で示した機能の対応があります。ポイントは, 次のとおりです。

・TCP/IPのプロトコル階層モデルで，OSI参照モデルの物理層とデータリンク層に相当するのはネットワークインタフェース層といわれる。
・TCP/IPのプロトコル階層モデルで，OSI参照モデルのネットワーク層に相当するのは，インターネット層である。

→ OSI 参照モデル

◆ OSI 参照モデル　　　　　　　　　　　　　重要度：★☆☆

　OSI参照モデルは，図1(1)の7階層からなります。通信を行う両端のコンピュータはすべての階層を持ち，LANの集線装置であるレイヤ2スイッチは1，2層を持ち，異なるネットワーク間でパケットを中継するルータは1〜3層を持ちます。

◆ 第1層　物理層　　　　　　　　　　　　　重要度：★★☆

　物理層は，伝送媒体に応じた物理的なビットの通信を行います。ポイントは次のとおりです。
・端末が送受信する信号レベルなどの電気的条件，コネクタ形状などの機械的条件を規定している。
・伝送媒体上でのビットの転送を行うための物理コネクションを確立し，維持し，開放する機械的，電気的，機能的及び手続的な手段を提供する（物理コネクションは，通信を行うための物理的な接続です）。

◆ 第2層　データリンク層　　　　　　　　　重要度：★★☆

　データリンク層は，伝送媒体で接続された機器間（ネットワークエンティティ間）でのフレームの転送を行います。フレームは，データリンク層での転送するデータの単位です。レイヤ2スイッチ（スイッチングハブ）は，データリンク層の機能を利用してフレームを転送します。ポイントは次のとおりです。エンティティは実体です。
・どのようなフレームを構成して通信媒体上でデータ伝送を実現するかなどを規定している。
・ネットワークエンティティ間で，一般に隣接ノード間のデータを転送するためのサービスを提供する。

◆第3層　ネットワーク層　　　　　　　　　重要度：★★☆

　ネットワーク層は，パケットに含まれる宛先アドレスによって，中継装置が経路選択を行い，パケットを宛先の端末まで転送します。パケットは，ネットワーク層で転送するデータの単位です。**ルータ**は，ネットワーク層の機能を利用して，異なるLAN間などを接続する中継装置です。ポイントは次のとおりです。

・通信相手にデータを届けるための経路選択及び交換を行うことによって，データのブロック（パケット）を転送するための手段を提供する。
・異なる通信媒体上にある端末どうしでも通信できるように，端末のアドレス付けや中継装置も含めた端末相互間の経路選択などの機能を有している。

⊙ TCP/IP のプロトコル階層モデル

◆TCP/IP のプロトコル階層モデル　　　　　　重要度：★★☆

　TCP/IPのプロトコル階層モデルは，図1（2）の4階層からなります。第2層のインターネット層は，パケットを中継して宛先へ届ける機能で，中継装置であるルータが行います。ポイントは，次のとおりです。

・ルータは，**インターネット**層で用いられるルーティングテーブルを使用して，異なるLAN間を接続することができる（ルーティングテーブルは，宛先への経路をまとめた表形式のデータです）。
・インターネット層の直近上位に位置する層は，**トランスポート**層である。

→ IPアドレス

◆IP　　　　　　　　　　　　　　　　　　　重要度：★★★

　IP（Internet Protocol）は，TCP/IPのプロトコル階層モデルのインターネット層で用いられるパケットを中継する通信プロトコルです。当初からあるIPv4（Internet Protocol version 4）と新たに作られたIPv6（Internet Protocol version 6）があり，併用されています。

◆IPアドレス　　　　　　　　　　　　　　　重要度：★★★

　IPで使用されるIPアドレスは，ネットワークに接続する機器に割り当てるもので，IPv4用のアドレス長32ビットのIPv4アドレス，IPv6用のアドレス長128ビットのIPv6アドレスがあります。

◆IPv4の転送方法　　　　　　　　　　　　　重要度：★★★

　IPv4には，図2の3つの転送方式があります。ポイントは，次のとおりです。

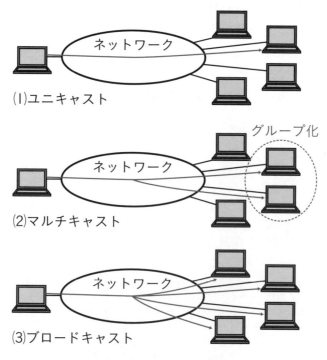

図2：IPv4の転送方法

- ユニキャスト通信の宛先は，1台の端末。
- **マルチキャスト**通信の宛先は，グループ化された複数の端末で，特定グループへの映像や音楽のストリーミング配信にも用いられる。
- ブロドーキャスト通信の宛先は，不特定多数の全端末。

◆IPv4のグローバルIPアドレス，プライベートIPアドレス 重要度:★☆☆

　グローバルIPアドレスは，インターネットに接続する機器に割り当てます。プライベートIPアドレスは，インターネットでは使用できませんが，宅内や組織内で自由に使うことができます。両者は，アドレスの値が異なります。

◆NAT 重要度:★★☆

　NAT（Network Address Translation：ネットワークアドレス変換）は，2つのネットワークで使用されているIPアドレスを相互変換します。図3のように，組織内のプライベートIPアドレスとインターネットのパブリックIPアドレスの相互変換でNATを使用しており，インターネットから組織内のネットワークを隠すことができるので，セキュリティレベルを高められます。

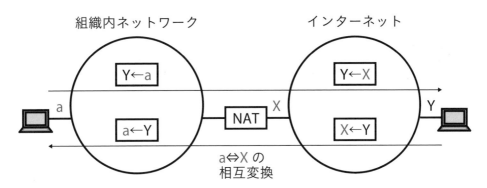

図3：NATによるパケット内のIPアドレス変換

　ポート番号も含めて変換することにより，一つのグルーバルIPアドレスに対して複数のプライベートIPアドレスを割り当てる**NAPT**（Network Address Port Translation）という機能もあり，IPマスカレードともいわれます。ポート番号とは，アプリケーション層のプログラムを識別する番号です。

◆IPv6アドレスの表記　重要度：★★☆

IPv6アドレスの表記は，128ビットを16ビットずつ8ブロックに分けて，各ブロックを16進数で表し，各ブロックをコロン (:) で区切ります。

IPv6アドレスの表記例　2001:0db8:1234:5678:90ab:cdef:0000:0000

→ ICMP

◆ICMP　重要度：★☆☆

ICMP (Internet Control Message Protocol) は，IPv4での通信の制御や通信状態の調査に使用する通信プロトコルです。WindowsOSで使用される調査用コマンドとして，pingコマンドやtracertコマンドがあります。

◆pingコマンド　重要度：★★☆

pingコマンドは，調べたいコンピュータ（パーソナルコンピュータ等）のIPアドレスを指定することによって，ICMPメッセージを用いて初期設定値の32バイトのデータをコンピュータへ送信し，コンピュータからの返信より接続の正常性を確認します。

コマンド入力例　C:¥>ping 192.168.1.1

◆tracertコマンド　重要度：★★☆

tracertコマンドは，特定のコンピュータへ到達するまでに，どのような経路を通るかを調べるためのもので，ICMPメッセージを用います。

コマンド入力例　C:¥>tracert 192.168.1.1

→ ICMPv6

◆ ICMPv6　　　　　　　　　　　　　　　　　　　重要度：★★☆

ICMPv6は，IPv6で用いられるICMPプロトコルです。ポイントは次のとおりです。

・**ICMPv6**は，IPv6に不可欠なプロトコルとして，すべてのIPv6ノードに完全に実装されなければならない（ノードとは，ネットワークに接続された端末等です）。

・ICMPv6のメッセージには，大きく分けて**エラーメッセージ**と**情報メッセージ**の2種類がある（エラーメッセージはパケット処理中のエラーなどを通知し，情報メッセージは通信に必要な情報等を転送します）。

→ DHCP

◆ DHCP　　　　　　　　　　　　　　　　　　　重要度：★★☆

DHCP（Dynamic Host Configuration Protocol）は，IPネットワークに接続した機器にIPアドレスなどの通信に必要な設定情報を自動的に割り当てる通信プロトコルです。IPネットワークは，インターネットの通信方式によるネットワークです。ルータなどに搭載したDHCPサーバ機能からパソコンなどに設定情報を割り当てます。ポイントは次のとおりです。

・ルータなどが持つ**DHCP**サーバ機能が有効な場合は，インターネットに接続する端末が起動時に**DHCP**サーバ機能へアクセスして**IP**アドレスを取得するので，端末個々に**IP**アドレスを設定しなくてよい。

→ MTU

◆ MTU　　　　　　　　　　　　　　　　　　　重要度：★★☆

MTU（Maximum Transmission Unit）は，OSI参照モデルの第2層（レイヤ2）であるデータリンク層における，一つのフレームで送信可能なデータの最大長です。有線LANであるイーサネットのMTUの標準は1,500バイトです。

練習問題

問い1	答え
OSI参照モデル（7階層モデル）の物理層について述べた次の記述のうち、正しいものは、□□□□である。	①端末が送受信する信号レベルなどの電気的条件，コネクタ形状などの機械的条件などを規定している。 ②異なる通信媒体上にある端末どうしでも通信できるように，端末のアドレス付けや中継装置も含めた端末相互間の経路選択などの機能を規定している。 ③どのようなフレームを構成して通信媒体上でのデータ伝送を実現するかなどを規定している。 R1-2-技術-問2(3)

解説

①正しい。本文「OSI参照モデル」の「◆第1層　物理層」を参照してください。

②誤り。ネットワーク層の記述。本文「OSI参照モデル」の「◆第3層　ネットワーク層」を参照してください。

③誤り。データリンク層の記述。本文「OSI参照モデル」の「◆第2層　データリンク層」を参照してください。

【解答：①】

類似問題　H28-2-技術-問2(3), H28-1-技術-問2(4), H27-2-技術-問2(5), H27-1-技術-問2(4)

問い2	答え
ルータは，OSI参照モデル（7階層モデル）における□□□□層が提供する機能を利用して，異なるLAN相互を接続することができる。	①トランスポート ②データリンク ③ネットワーク R1-2-技術-問3(4)

解説

本文「OSI参照モデル」の「◆第3層　ネットワーク層」を参照してください。

【解答：③】

類似問題　R3-1-技術-問2(5)

問い3	答え
IPネットワークで使用されているTCP/IPのプロトコル階層モデルは，一般に，4階層モデルで表され，OSI参照モデル（7階層モデル）の物理層とデータリンク層に相当するのは ☐☐☐☐ 層といわれる。	①トランスポート ②アプリケーション ③インターネット ④ネットワークインタフェース H30-2-技術-問2(5)

解説

　本文「プロトコル階層モデル」の「◆プロトコル階層モデル間の対応」を参照してください。

【解答：④】

類似問題 R2-2-技術-問2(4)，R1-2-技術-問3(4)，H29-2-技術-問2(5)

問い4	答え
IPv4において，複数のホストで構成される特定のグループに対して1回で送信を行う方式は ☐☐☐☐ といわれ，映像や音楽の会員向けストリーミング配信などに用いられる。	①ユニキャスト ②マルチキャスト ③ブロードキャスト R1-2-技術-問2(4)

解説

　本文「IPアドレス」の「◆IPv4の転送方法」を参照してください。

【解答：②】

問い5	答え
グローバルIPアドレスとプライベートIPアドレスを相互変換する機能は，一般に，_____といわれ，インターネットなどの外部ネットワークから企業などが内部で使用しているIPアドレスを隠すことができるため，セキュリティレベルを高めることが可能である。	①DMZ ②IDS ③NAT H29-2-技術-問3（1）

解説

本文「IPアドレス」の「◆NAT」を参照してください。

【解答：③】

類似問題 H26-1-技術-問3（1）

問い6	答え
IPv6アドレスの表記は，_____ずつ8ブロックに分け，各ブロックを16進数で表示し，各ブロックをコロン（：）で区切る。	①32ビットを4ビット ②64ビットを8ビット ③128ビットを16ビット R1-2-技術-問2（5）

解説

本文「IPアドレス」の「◆IPv6アドレスの表記」を参照してください。

【解答：③】

類似問題 H30-2-技術-問2（4）

問い7	答え
IPv4ネットワークにおいて，IPv4パケットなどの転送データが特定のホストコンピュータへ到達するまでに，どのような経路を通るのかを調べるために用いられるWindowsのtracertコマンドは，□□□□メッセージを用いる基本的なコマンドの一つである。	①HTTP ②DHCP ③ICMP R2-2-技術-問3(5)

解説

本文「ICMP」の「◆tracertコマンド」を参照してください。

【解答：③】

類似問題 H31-1-技術-問4(4)

問い8	答え
IETFのRFC4443において標準化されたICMPv6について述べた次の二つの記述は，□□□□。 A　ICMPv6のメッセージには，大きく分けてエラーメッセージ，情報メッセージ及び制御メッセージの3種類がある。 B　ICMPv6は，IPv6に不可欠なプロトコルとして，全てのIPv6ノードに完全に実装されなければならないと規定されている。	①Aのみ正しい ②Bのみ正しい ③AもBも正しい ④AもBも正しくない H27-2-技術-問3(4)

解説

A　誤り。ICMPv6のメッセージを大別するとエラーメッセージと情報メッセージです。制御メッセージは，ありません。

B　正しい。本文「ICMPv6」の「◆ICMPv6」を参照してください。

【解答：②】

類似問題 R3-1-技術-問3(5)，R1-2-技術-問3(5)，H30-2-技術-問3(4)，H29-1-技術-問3(5)，H28-1-技術-問3(4)，H27-1-技術-問3(4)

問い9	答え
ADSL回線を利用してインターネットに接続されるパーソナルコンピュータなどの端末は，ADSLルータなどの　　　　　サーバ機能が有効な場合は，起動時に，　　　　　サーバ機能にアクセスしてIPアドレスを取得するため，端末個々にIPアドレスを設定しなくてもよい。	①SNMP ②DHCP ③WEB H30-1-技術-問3(3)

解説

本文「DHCP」の「◆DHCP」を参照してください。

【解答：②】

類似問題 H21-1-技術-問3(3)

問い10	答え
OSI参照モデル（7階層モデル）のレイヤ2において，一つのフレームで送信可能なデータの最大長は　　　　　といわれ，イーサネットフレームの　　　　　の標準は，1,500バイトである。	①RWIN ②MSS ③MTU R2-2-技術-問2(5)

解説

本文「MTU」の「◆MTU」を参照してください。

【解答：③】

類似問題 H29-1-技術-問2(5)

No. 02 LAN技術

これだけは覚えよう！

イーサネット

- ☑ MACアドレスは，48ビット（6バイト）の物理アドレス。
- ☑ オートネゴシエーションは，UTP接続の対向機器で，通信速度，通信モードの適切な選択を自動的に行う機能。
- ☑ レイヤ2スイッチは，受信フレームの送信元MACアドレスを読み取り，アドレステーブルに登録されていない場合にアドレステーブルへ登録。
- ☑ カットスルー方式：有効フレームの先頭から宛先アドレスの6バイトまで受信後にフレーム転送を開始。
- ☑ フラグメントフリー方式：先頭から64バイト目まで受信後，フレーム転送を開始。
- ☑ ストアアンドフォワード方式：先頭からFCSまで受信後，フレーム転送を開始。

PoE

- ☑ PSEは，端末がPDかを検知して，PDの機器にのみ給電。
- ☑ オルタナティブA：100BASE-TXの信号線の2対で給電。1000BASE-Tも同じ対。
- ☑ オルタナティブB：100BASE-TXの予備の2対で給電。1000BASE-Tも同じ対。

無線LAN

- ☑ ISMバンドの電波干渉を2.4GHz帯は受け，5GHz帯は受けない。
- ☑ 隣接するAP間では周波数が重なり合わない離れたチャネルを設定。
- ☑ CSMA/CA方式において，端末はAPのACK信号で正常に送信したことを確認。

無線LANのセキュリティ

- ☑ ANY接続の拒否は，SSIDを指定しない端末の接続を禁止。
- ☑ SSIDの通知をしない設定は，SSIDの定期な発信を停止。
- ☑ MACアドレスフィルタリングは，APに設定したMACアドレスの端末だけを接続。

PAN技術

☑ **Bluetooth**は，ISMバンドを使用し，伝送距離が10メートル程度の無線規格。

➔ LAN

◆ LAN　　　　　　　　　　　　　　　　　　　　重要度：★★★

　LAN（Local Area Network：構内ネットワーク）は建物や敷地内の限られた範囲内のネットワークです。LANに対し，広域的なネットワークをWAN（Wide Area Network：広域通信網）といいます。LANには，有線のイーサネット（IEEE802.3規格），無線の無線LAN（IEEE802.11規格）があります。

➔ イーサネット

◆ イーサネット　　　　　　　　　　　　　　　　重要度：★★★

　イーサネット（Ethernet）は図1のように，コンピュータやルータをUTPケーブルなどでレイヤ2スイッチに接続して構築します。レイヤ2スイッチはOSI参照モデルのデータリンク層で相互接続を行う中継装置で，スイッチングハブともいいます。イーサネットのアドレスはMACアドレスです。イーサネットで送信するデータの単位はフレームで，宛先と送信元のMACアドレスをフレームに含めて通信します。コンピュータやルータのNICに，MACアドレスが割り当てられています。NIC（Network Interface Card）は，LANポートのことです。規格は，通信速度が最高100〔Mbps〕の100BASE-TX，通信速度が最高1〔Gbps〕の1000BASE-Tなどがあります。

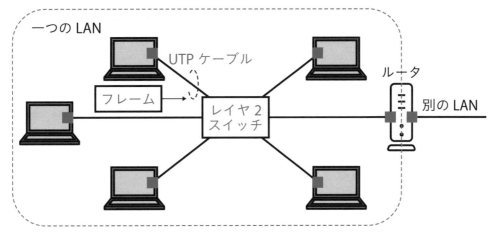

■：MACアドレスが割り振られたLANポート（NIC）

図1：イーサネットのLAN構成例

◆MACアドレス　　　　　　　　　　　　　　　　　　重要度：★★☆

　MACアドレス（Media Access Control address）は，**48**ビット（**6**バイト）の物理アドレスです。物理アドレスは，イーサネットなどの実際の物理的な通信に用いられ，OSI参照モデルのデータリンク層のアドレスです。

◆イーサネットのフレーム　　　　　　　　　　　　　　重要度：★★☆

　イーサネットのフレームは，図2の構成です。最初に宛先と送信元のMACアドレスが含まれるヘッダーがあり，上位層からのデータが続きます。最後に誤り検出符号であるFCS（Frame Check Sequence）がトレーラとしてあります。

図2：イーサネットのフレーム

◆通信モード（全二重通信／半二重通信）　　　　　　　重要度：★☆☆

　UTPケーブルを使用したイーサネットでは，通信モード（全二重通信／半二重通信）があります。全二重通信は，同時に双方向の通信を行えます。半二重通信は，双方向

の通信は行えますが，一時には片方向の通信のみです。半二重通信では，対向の両ポートが同時にフレームを送信して衝突が起こる可能性があり，この衝突をコリジョンといいます。

◆ オートネゴシエーション機能　　　重要度:★★☆

UTPケーブルを使用したイーサネットでは，ポートによって通信速度や通信モード（全二重通信/半二重通信）などが異なる場合があります。**オートネゴシエーション**機能は，ポート間のやり取りで，これらの適切な選択を自動的に行います。

◆ アドレステーブル　　　重要度:★☆☆

アドレステーブル（MACアドレステーブル）はレイヤ2スイッチ内にあり，LANポートの番号とLANポートに接続された機器のMACアドレスの対応表です。例を図3に示します。ステップは次のとおりです。
①宛先MACアドレスがBのフレームを受信
②宛先MACアドレスでアドレステーブルを検索し，結果は2番のポート
③受信したフレームを2番のポートへ転送

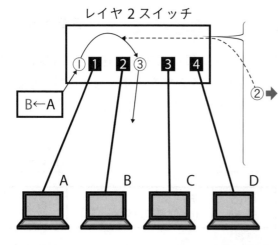

A〜D：MACアドレス

図3：アドレステーブル

◆ アドレステーブルの自動学習　　　重要度:★★☆

レイヤ2スイッチでは，ポートに接続された端末のMACアドレスを自動学習してアドレステーブルに登録してゆきます。学習方法は，受信したフレームの送信元MACアドレスを読み取り，アドレステーブルに登録されているかを検索し，登録さ

れていない場合にアドレステーブルの該当ポートに対応したMACアドレスの欄へ登録します。

◆ フレーム転送方式　　　　　　　　　　　重要度：★★★

スイッチングハブ（レイヤ2スイッチ）は，フレームを受信してからフレームの転送を開始するタイミングによって，次の3つのフレーム転送方式があります。

・カットスルー方式：先頭から**宛先アドレスの6バイト**までを受信した後，フレームの転送を開始。転送開始は速いが，異常フレームを転送する可能性がある。
・フラグメントフリー方式：先頭から**64バイト目**までを受信した後，異常がなければフレームの転送を開始。半二重通信でのコリジョンは，64バイト目以降には発生しない設計で，コリジョンが発生しなかったフレームを転送する。
・ストアアンドフォワード方式：先頭から**FCS**までを受信した後，異常がなければフレームの転送を開始。正常なフレームのみを転送するが，転送開始が遅い。

➡ PoE

◆ PoE　　　　　　　　　　　　　　　　　重要度：★★☆

PoE（Power over Ethernet）は，イーサネットの配線であるUTPケーブルを使用して，スイッチングハブ（レイヤ2スイッチ）からから端末へ直流を給電します。スイッチングハブなどの給電を行う機器をPSE（Power Sourcing Equipment）といい，IP電話などの端末をPD（Powered Device）といいます。**PSEは，端末がPDかを検知して，**PDの機器にのみ給電します。規格は給電する電力に応じて，IEEE802.3afとIEEE802.3atがあります。

◆ 給電方式（オルタナティブA，オルタナティブB）　重要度：★★★

UTPケーブルは，4対の撚り線で構成されます。100BASE-TXは，2対（1,2,3,6端子）を信号（通信）に使用し，残りの2対（4,5,7,8端子）は予備対（空き対）です。1000BASE-Tは通信に4対を使用します。PoEでは給電に2対を使用し，どの対を使用するかによって，次の給電方法があります。

・オルタナティブA：100BASE-TXの信号に使用する2対（1，2，3，6端子）で給電する。1000BASE-Tも同じ2対で給電する。

・オルタナティブB：100BASE-TXの予備の2対（4，5，7，8端子）で給電する。1000BASE-Tも同じ2対で給電する。

→ 無線LAN

◆無線LAN　　　　　　　　　　　　　　　　　　　重要度：★★★

　無線LANの一般的な構成は，図4のようにAP（アクセスポイント）と端末です。APはイーサネットなどの他のネットワークへ接続します。APは，通信のフレームを中継する装置です。APによる無線ネットワークを識別するためにSSID（Service Set Identifier）があり，端末はSSIDとパスワードによってAPへ接続します。図4のSSIDは「abcd」です。無線通信で使用する電波は，2.4GHz帯と5GHz帯の周波数帯域があります。各周波数帯域は，分割された複数のチャネルを持ち，設定した特定のチャネルで通信を行います。無線LANの通信方式はCSMA/CAです。

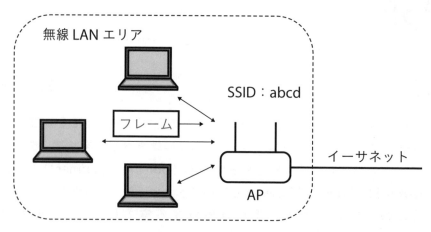

図4：無線LAN構成例

◆ISMバンドと2.4GHz帯域　　　　　　　　　　　　重要度：★★★

　ISMバンド（Industrial Scientific and Medical band）は，産業，科学，医療用の機器が免許不要で出力できる電波で，2.4～2.5GHzが含まれます。ポイントは次のとおりです。

・2.4GHz帯の無線LANは，ISMバンドの電波干渉を受ける。
・5GHz帯の無線LANは，ISMバンドの電波干渉を受けない。

電波干渉を受けるとスループットが低下します。スループットは，単位時間当たりの通信量です。

◆無線LANの規格　重要度：★★☆

無線LANはIEEE802.11として規格化され表1のように複数あり，表の規格名と周波数帯，ISMバンド（2.4GHz帯）との関係を確認してください。

表1：無線LANの規格例

無線LAN規格　（新規格名）	周波数帯		最大通信速度
IEEE802.11ax　（Wi-Fi6）	2.4GHz帯	5GHz帯	9.6〔Gbps〕
IEEE802.11ac　（Wi-Fi5）		5GHz帯	6.9〔Gbps〕
IEEE802.11n　（Wi-F4）	2.4GHz帯	5GHz帯	300〔Mbps〕
IEEE802.11g	2.4GHz帯		54〔Mbps〕
IEEE802.11b	2.4GHz帯		11〔Mbps〕
IEEE802.11a		5GHz帯	54〔Mbps〕

◆APのチャネル設定　重要度：★★☆

APのチャネル設定をする場合，隣接するAP間では周波数が重なり合わない離れたチャネルを設定します。近いチャネルだと電波干渉が起きる可能性があります。

◆CSMA/CA方式　重要度：★★☆

無線LANでは，端末自身がフレームの衝突を検出するのが困難なので，CSMA/CA（Carrier Sense Multiple Access with Collision Avoidance）方式を用います。CSMA/CA方式は，次のステップです。

①端末は，決められた期間に他の通信がないことを確認した後にフレームを送信

②APがフレームを正常に受信すると，APはACK信号（ACKフレーム）を返信
　ACK：ACKnowledgement（肯定応答）

③端末は，ACK信号を受けることで，正常に送信したことを確認。ACK信号が来ないときは，他のフレームとの衝突と判断して，再度，送信を試みる。

◆RTS/CTS方式　　　　　　　　　　　　　　　　　重要度：★★★

　RTS/CTS (Request to Send/Clear to Send) 方式は，フレームの衝突を効率よく避ける制御方法で，次のステップです。
①端末は，フレーム送信の前に，送信の許可を求めるRTS信号をAPへ送信
②APがRTS信号を受信すると，他の端末が通信状態でなければ，データ送信を許可するCTS信号を端末へ返信
③端末は，CTS信号を受けることで，CSMA/CAのフレーム送信を開始。他の端末がCTS信号を受信すると，NAV期間（送信禁止期間）は送信を保留
　NAV：Network Allocation Vector

➔ 無線LANのセキュリティ設定

◆ANY接続の拒否　　　　　　　　　　　　　　　重要度：★★☆

　ANY接続は，SSIDを指定しない端末をAPが接続する機能です。ANY接続の拒否は，ANY接続を禁止する設定です。これにより，APのSSIDを知らない第三者が無線LANへ接続する危険性を低減できます。

◆SSIDの非通知　　　　　　　　　　　　　　　　重要度：★★☆

　APは，SSIDを含む信号を定期に発信しており，端末は受信したSSIDを無線LANの一覧として表示します。SSIDの通知をしない設定をすることで，第三者にネットワークの存在を知らせなくします。

◆MACアドレスフィルタリング　　　　　　　　　重要度：★★☆

　無線LANの端末もイーサネットと同様にMACアドレスを持ちます。MACアドレスフィルタリングは，APに設定したMACアドレスの端末だけを接続する機能です。

◆無線区間の暗号化　　　　　　　　　　　　　　重要度：★★☆

　端末とAP間の通信を暗号化することによって，電波の傍受による情報漏洩を防止できます。暗号化の方式として，WPA3，WPA2，WPAがあります。

➡ PAN 技術

◆ PAN

重要度：★☆☆

PAN（Personal Area Network）は，個人が利用する範囲のネットワークで，Bluetoothがあります。

◆ Bluetooth

重要度：★★☆

Bluetoothは，コンピュータとマウスの間，ゲーム機とリモコンの間などの無線通信に用いられ，ISMバンド（2.4GHz帯）を使用し，伝送距離が10メートル程度の規格です。

練習問題

問い1	答え
ネットワークインタフェースカード (NIC)に固有に割り当てられた物理アドレスは，一般に，MACアドレスといわれ，　　　　　　ビットで構成される。	①**48** ②**64** ③**96** <div align="right">H29-1-技術-問3(4)</div>

解説

本文の「イーサネット」の「◆MACアドレス」を参照してください。

【解答：①】

類似問題 ▷ R3-1-技術-問3(4)，H30-1-技術-問3(5)

問い2	答え
ツイストペアケーブルを使用したイーサネットによるLANを構成する機器において，対向する機器との通信速度，通信モード(全二重／半二重)などについて適切な選択を自動的に行う機能は，一般に，　　　　　　といわれる。	①**セルフラーニング** ②**P2MPディスカバリ** ③**オートネゴシエーション** <div align="right">R3-1-技術-問1(5)</div>

解説

本文の「イーサネット」の「◆オートネゴシエーション機能」を参照してください。

【解答：③】

問い3	答え
LANを構成するレイヤ2スイッチは，受信したフレームの ☐ を読み取り，アドレステーブルに登録されているかどうかを検索し，登録されていない場合はアドレステーブルに登録する。	①宛先IPアドレス ②宛先MACアドレス ③送信元IPアドレス ④送信元MACアドレス R2-2-技術-問3(4)

解説

本文の「イーサネット」の「◆アドレステーブルの自動学習」を参照してください。

【解答：④】

類似問題　H27-1-技術-問3(5)

問い4	答え
スイッチングハブのフレーム転送方式におけるストアアンドフォワード方式について述べた次の記述のうち，正しいものは， ☐ である。	①有効フレームの先頭からFCSまでを受信した後，異常がなければフレームを転送する。 ②有効フレームの先頭から64バイトまでを受信した後，異常がなければフレームを転送する。 ③有効フレームの先頭から宛先アドレスの6バイトまでを受信した後，フレームが入力ポートで完全に受信される前に，フレームを転送する。 R1-2-技術-問3(3)

解説

本文の「イーサネット」の「◆フレーム転送方式」を参照してください。概要は次のとおりです。

①正しい。ストアアンドフォワード方式の説明です。

②誤り。フラグメントフリー方式の説明です。

③誤り。カットスルー方式の説明です。

【解答：①】

類似問題　R3-1-技術-問2(4)，H31-1-技術-問3(3)，H30-2-技術-問3(3)，H30-1-技術-問3(4)

問い5	答え
IEEE802.3atとして標準化されたPoEの機能について述べた次の記述のうち，<u>誤っているもの</u>は，□□□□である。	①給電側機器であるPSEは，一般に，受電側機器がPoE対応機器か非対応機器かを検知して，PoE対応機器にのみ給電する。 ②100BASE－TXのイーサネットで使用しているLAN配線のうち，信号対の2対4心を使用する方式はオルタナティブBといわれる。 ③1000BASE－Tのイーサネットで使用しているLAN配線の4対8心の信号対のうち，2対4心を使ってPoE機能を持つIP電話機に給電することができる。 R3-1-技術-問1(4)

解説

本文の「PoE」の「◆PoE」と「◆給電方式(オルタナティブA，オルタナティブB)」を参照してください。概要は次のとおりです。

①正しい。

②誤り。100BASE-TXの信号対の2対4心を使用する方法はオルタナティブAであり，予備の2対を使用するオルタナティブBではありません。

③正しい。オルタナティブAかオルタナティブBのどちらかになります。

【解答：②】

類似問題 R2-2-技術-問1(4)，R1-2-技術-問1(3)，H29-1-技術-問1(4)，H28-2-技術-問1(5)，H27-2-技術-問1(5)，H27-1-技術-問1(5)

問い6	答え
IEEE802.11において標準化された無線LANについて述べた次の二つの記述は，□□□□□□。 A　CSMA／CA方式では，送信端末からの送信データが他の無線端末からの送信データと衝突しても，送信端末では衝突を検知することが困難であるため，送信端末は，アクセスポイント（AP）からのACK信号を受信することにより，送信データが正常にAPに送信できたことを確認する。 B　2.4GHz帯の無線LANは，ISMバンドとの干渉によるスループットの低下がない。	①Aのみ正しい ②Bのみ正しい ③AもBも正しい ④AもBも正しくない H29-2-技術-問1（5）

解説

本文の「無線LAN」の「◆ISMバンドと2.4GHz帯域」，「◆無線LANの規格」と「◆CSMA/CA方式」を参照してください。概要は次のとおりです。

A　正しい。「CSMA/CA方式」と「ACK信号」を確認しておいてください。

B　誤り。2.4GHz帯の無線LANはISMバンドとの干渉によるスループット低下があります。ISMバンドとの干渉がないのは5GHz帯の無線LANです。無線LANの規格と使用する周波数帯をまとめた表1を確認しておいてください。

【解答：①】

類似問題　R2-2-技術-問1（5），R1-2-技術-問4（5），H31-1-技術-問1（5），
H30-2-技術-問1（5），H30-1-技術-問1（5），H28-2-技術-問1（2），

問い7	答え
無線LANの構築においてチャネルを設定する場合，隣接する二つのアクセスポイントに使用するチャネルの組合せとして適切なものは，周波数帯域が□□□□□チャネルである。	①完全に重なる同じ ②一部重なる隣接した ③重なり合わない離れた R3-1-技術-問4（4）

本文の「無線LAN」の「◆APのチャネル設定」を参照してください。

【解答：③】

問い8	答え
図に示すIEEE802.11標準の無線LANの環境において，隠れ端末問題の解決策として，アクセスポイント（AP）は，送信をしようとしているSTA1からのRTS（request to send）信号Ⓐを受信すると⬚信号ⒷをSTA1に送信するが，このⒷは，STA3も受信できるので，STA3はNAV期間だけ送信を待つことにより衝突を防止する対策がとられている。	①CTS (clear to send) ②ACK (acknowledgement) ③NAK (negative acknowledgement) <div align="right">H27-2-技術-問1 (2)</div>

解説

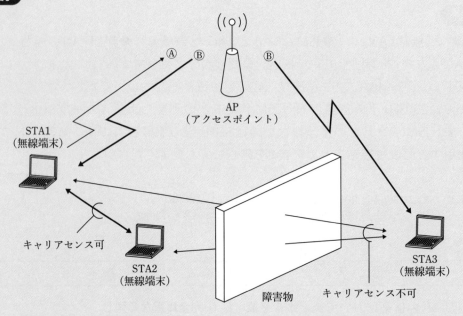

隠れ端末問題は，STA1とSTA3はAPとの通信はできるが，STA1とSTA3の間で相手端末の電波が検知できないときに発生します。お互いに相手がフレームを送信していないと判断して送信したフレームが衝突する問題です。これを回避するためにAPが送信権を与えるRTS/CTS方式が用いられています。RTS/CTS方式は，本文の「無線LAN」の「◆RTS/CTS方式」を参照してください。

【解答：①】

問い9	答え
無線LANのセキュリティについて述べた次の記述のうち，<u>誤っているものは</u>，☐である。	①無線LANアクセスポイントの設定において，ANY接続を拒否する設定にすることにより，アクセスポイントのSSIDを知らない第三者の無線LAN端末から接続される危険性を低減できる。 ②無線LANアクセスポイントにおいて，SSIDを通知しない設定とし，かつMACアドレスフィルタリング機能を有効に設定することにより，無線LAN区間での傍受による情報漏洩を防止できる。 ③無線LANアクセスポイントのMACアドレスフィルタリング機能を有効に設定することにより，登録されていないMACアドレスを持つ無線LAN端末から接続される危険性を低減できる。 R2-2-技術-問3(2)

解説

本文の「無線LANのセキュリティ設定」を参照してください。概要は次のとおりです。

①正しい。「無線LANのセキュリティ設定」の「◆ANY接続の拒否」を参照してください。

②誤り。SSIDを通知しない設定とMACアドレスフィルタリングは，APへの不正な接続を防止する対策であり，無線LAN区間の電波の傍受による情報漏洩は防止できません。電波の傍受への対策は，無線区間の暗号化です。

③正しい。「無線LANのセキュリティ設定」の「◆MACアドレスフィルタリング」を参照してください。

【解答：②】

問い10	答え
パーソナルコンピュータ本体とワイヤレスマウスとの間，ゲーム機本体とリモコンとの間などに使用される無線PANの規格であり，ISMバンドを使用し，無線伝送距離が10メートル程度である規格は，一般に，　　　　　といわれる。 <div align="right">R3-1-技術-問1(3)</div>	①WiMAX ②LPWA ③Bluetooth

解説

本文の「PAN技術」の「◆Bluetooth」を参照してください。

【解答：③】

これだけは覚えよう！

光アクセスネットワーク

☑ SS方式は，光ファイバの1心を1ユーザが占有する形態。

☑ PDS方式は，光ファイバの1心を光スプリッタで分岐して複数ユーザに配線する形態。

GE-PON

☑ 最大の伝送速度は，上り/下りともに毎秒1ギガビット。

☑ 上り通信は，ONUからの信号を時間的に多重化する上り帯域制御による。

☑ ONUの接続をOLTが自動的に発見するのはP2MPディスカバリ機能。

CATV

☑ HFCは光ファイバと同軸ケーブルを組み合わせた形態。

ADSL

☑ ADSLスプリッタは，電話の音声信号とADSLのDMT信号を分離・合成する。

IP電話

☑ SIPは，IP電話の呼制御プロトコルで，IPv4及びIPv6の両方で動作する。

☑ 電話番号は，「0AB～J番号」と050で始まる番号がある。

伝送路符号

☑ MLT-3符号は，ビット値1が発生するごとに信号レベルを1段ずつ変化させる。

☑ マンチェスタ符号は，ビット値に応じてビットの中央で信号レベルを変化させる。

☑ NRZI符号は，2値符号でビット値1が発生するごとに信号レベルを変化させる。

HDLC手順

☑ 開始フラグシーケンスは，フレームの前のビットパターン「0111 1110」である。

☑ フレームの受信時，5個連続した1のとき，その直後の0は無条

件に削除。

● 光アクセスネットワーク

◆SS方式，PDS方式 重要度：★★☆

光アクセスネットワークは，局（通信事業者）と利用者の通信に光回線（光ファイバ）を使用したネットワークで，図1に示した構成があります。局の装置は**OLT**（Optical Line Terminator：光信号終端装置）で，通信する信号の電気と光の変換，多重化などを行います。ユーザ宅に置かれる**ONU**（Optical Network Unit：光加入者線網装置）は，光回線とLANとの相互変換を行います。ONUは異なる通信回線を変換する装置なので，メディアコンバータともいいます。

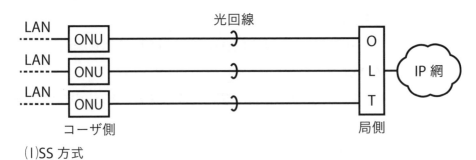

(1)SS方式

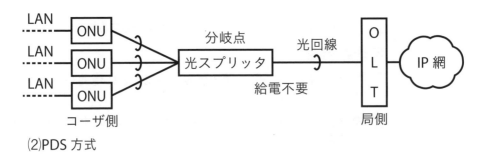

(2)PDS方式

図1：光アクセスネットワークの方式

SS（Single Star）方式は，図1(1)のようにOLT～ONU間を1心の光回線で接続し，1ユーザが光回線を占有する形態です。

PDS（Passive Double Star）方式は，図1(2)のようにOLTから配線された光回線の

1心を電源が不要な光スプリッタを用いて分岐し，個々のユーザにドロップ光ファイバで配線する形態で，これを適用したものを **PON**（Passive Optical Network）システムといいます。ドロップ光ファイバは，住宅への引込み用です。

◆GE-PON 重要度：★★★

GE-PON（Gigabit Ethernet-PON）は，PDS方式においてギガビットイーサネットのフレームで通信する方式で，図2に示します。

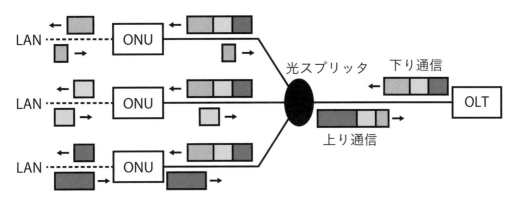

図2：GE-PONの構成

ポイントは次のとおりです。
- OLT〜ONU間の光ファイバ回線を光/電気変換を行わずに，受動素子の**光スプリッタ**で分岐することによって，光ファイバの1心を複数のユーザで共有する。
- 1心の光ファイバを分岐することによって，ユーザ側の複数の**光加入者線網装置**（ONU）を電気通信事業者側の1台の**光信号終端装置**（OLT）に収容する。
- OLT〜ONU間の上り/下りともに最大の伝送速度が**毎秒1ギガビット**の双方向通信が可能である。
- OLTからの下り通信では，OLTが，どのONUに送信するかを判断し，**プリアンブル**（フレームの前に送信する信号）に，送信先であるONU用の識別子を埋め込んで送出する。
- OLTからの下り信号は，放送形式で配下の全ONUに到達するため，各ONUは受信したフレームが自分宛であるかを**識別子**で判断し，取捨選択を行う。
- ONUからの上り通信では，OLTから各ONUへ送信許可を通知することで，各ONUからの信号を**時間的に多重化**する上り帯域制御の機能がある。
- OLTは，ONUがネットワークに接続されると，そのONUを自動的に発見し，通信リンクを自動的に設定する**P2MPディスカバリ**（Point to MultiPoint Discovery）の機能がある。
- 光ファイバをユーザ宅まで引き込む**FTTH**（Fiber To The Home）を実現している。

なお，最大の伝送速度が毎秒10ギガビットの10GE-PONもあります。

◆ 集合住宅への引込み　　　　　　　　　　　　重要度：★★★

　集合住宅のMDF（Main Distribution Frame：主配線盤）室などまで光ファイバを使用し，MDF室から各戸までは既設の電話回線を利用した**VDSL**方式を用いる方法があります。VDSL（Very high-bit-rate Digital Subscriber Line）は，電話回線で短距離の高速通信を行う通信方式です。

◆ ホームゲートウェイ　　　　　　　　　　　　重要度：★★★

　ホームゲートウェイはユーザ宅に置かれ，光ファイバとLANを接続し，ONU機能に加え，宅内機器のアドレス変換（NAT），ルーティング，プロトコル変換などの機能を有する装置です。

→ CATV

◆ CATV（ケーブルテレビ）

　CATV（ケーブルテレビ）は，ケーブルでテレビ放送を提供するサービスで，インターネット接続サービス，電話サービスも提供しています。CATVの構成例を図3に示します。CATV局のヘッドエンド設備とユーザ宅内の同軸ケーブルを接続します。インターネット接続サービスを利用するユーザ宅には，ネットワーク接続するための機器として，**ケーブルモデム**が設置されます。

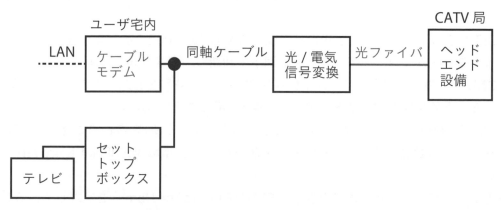

図3：HFC方式によるCATVの構成例

◆HFC

HFC（Hybrid Fiber-Coaxial）は，図3のようにヘッドエンド設備からユーザ宅内までの伝送路の構成として，光ファイバと同軸ケーブルを組み合わせた形態の方式です。

→ ADSL

◆ADSL   重要度：★☆☆

ADSL（Asymmetric Digital Subscriber Line：非対称デジタル加入者線）は，アナログ電話回線を使用して，電話とデータ通信のサービスを提供します。ADSLの構成図を図4に示します。電話局にはDSLAM（Digital Subscriber Line Access Multiplexer）があり，ユーザ宅にはADSLモデムとADSLスプリッタが必要です。

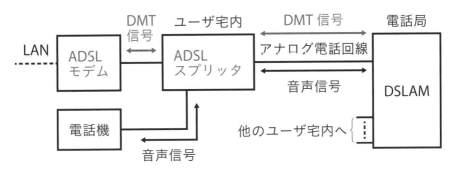

図4：ADSLの構成

◆ADSLモデム   重要度：★★☆

ADSLモデムは，アナログ電話回線を使用してADSL信号を送受信する機器で，データ信号を変調・復調する機能を持ちます。変調方式は，DMT（Discrete Multi-Tone）方式です。ADSLモデムのユーザ側はLANポートで，ルータなどを接続することにより，IP電話サービスを使用できます。

◆ADSLスプリッタ   重要度：★★☆

ADSLスプリッタは受動素子（電源供給が不要な部品）で構成されており，アナログ

電話サービスの音声信号などとADSLサービスのDMT信号とを分離・合成する機能を有しています。

◆ ブリッジタップ
重要度：★★☆

　ブリッジタップは，図5のように幹線ケーブルの心線に分岐ケーブルの心線をマルチ接続して下部側（ユーザ宅側）に延長した箇所です。接続点での信号の反射などにより，ADSL通信の伝送品質を低下させる要因になります。対策は，接続点において幹線ケーブルの下部側（電話局と反対側）の心線を切断することです。

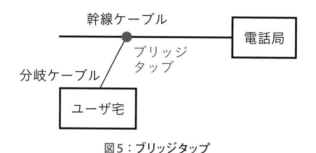

図5：ブリッジタップ

→ IP電話

◆ IP電話
重要度：★☆☆

　IP電話は，インターネットなどのIPを使用したネットワークでの電話サービスで，音声をIPパケットとして送受信します。有線IP電話機は，LANケーブルを用いてネットワークに接続するLANポートを備えています。

◆ SIP
重要度：★★☆

　SIP（Session Initiation Protocol）は，IP電話の呼制御プロトコルです。呼制御は電話の発着信の処理です。SIPは，インターネットの標準化団体であるIETF（Internet Engineering Task Force）がRFC3261で標準化し，IPv4及びIPv6の両方で動作します。

◆ 電話番号 重要度：★★☆

IP電話の電話番号は，アナログ固定電話と同じ「0AB～J番号」と050で始まる番号があり，通話品質で区分されます。

➡ 伝送路符号

◆ 伝送路符号 重要度：★★☆

伝送路符号は，入力データを伝送路の特性に応じた物理信号のパルスに変換するもので，図6のMLT-3符号，マンチェスタ符号，NRZI符号などがあります。

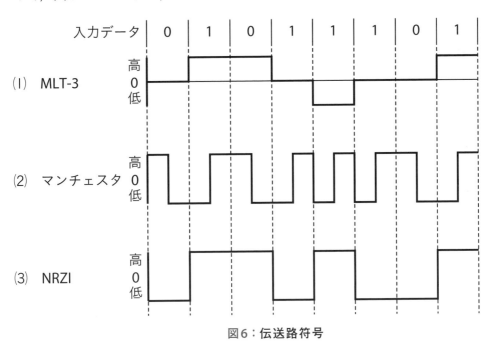

図6：伝送路符号

◆ MLT-3符号

MLT-3（Multi Level Transmission-3）符号は，図6（1）のように，入力データのビット値0のときは信号レベルを変化させず，ビット値1が発生するごとに信号レベルを1段ずつ変化させます。

◆ マンチェスタ符号

マンチェスタ (Manchester) 符号は, 図6 (2) のように, 入力データのビット値1のときはビットの中央で信号レベルを低レベルから高レベルへ反転させ, ビット値0のときはビットの中央で信号レベルを高レベルから低レベルへ反転させます。有線LANの10BASE-Tで用いられています。

◆ NRZI符号

NRZI (Non Return to Zero Inversion) 符号は, 図6 (3) のように, 高レベルと低レベルの2値符号で, 入力データのビット値1が発生するごとに信号レベルが低レベルから高レベルへ, 又は高レベルから低レベルへ変化します。有線LANの1000BASE-FXでは, 4B/5Bというデータ符号化後にNRZI符号化を行います。

→ HDLC手順

◆ HDLC手順　　　　　　　　　　　　　　　　　重要度:★☆☆

HDLC (High level Data Link Control) 手順は, OSI参照モデルにおけるデータリンク層のプロトコルで, フレーム同期, データの透過性を確保する機能があります。フレームは, データリンク層での送信データの単位です。フレーム同期は, 受信側にフレームの開始と終了を伝えることです。透過性とは, 任意のビット列を送信できることです。

◆ フレーム同期　　　　　　　　　　　　　　　　重要度:★★☆

HDLC手順では, 受信側がフレームの開始と終了を識別するために, 送信側でフレームの前後にフラグシーケンスという8ビットのビットパターン「0111 1110」を挿入して送信します。フレームの前に挿入されるのが**開始フラグシーケンス**です。

◆ データの透過性　　　　　　　　　　　　　　　重要度:★★☆

HDLC手順で伝送路上のフレームにフラグシーケンスと同じビット列があると, 受信側はフレームの終了と誤った判断をします。それを回避し, かつ**データの透過性を**

確保するために図7の方法を用います。送信側でデータのビット列が5個連続した1のとき，その直後に0を挿入して伝送します。受信側では，開始フラグシーケンス受信後のフレーム受信において，受信したデータのビット列が5個連続した1のとき，その直後の0を無条件に削除します。

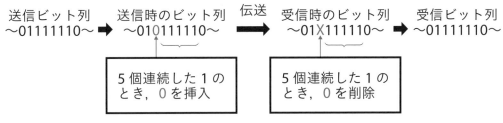

図7：HDLC手順での透過性の確保

練習問題

問い1	答え
光アクセスネットワークの設備構成のうち，電気通信事業者のビルから配線された光ファイバの1心を光スプリッタを用いて分岐し，個々のユーザにドロップ光ファイバケーブルで配線する構成を採る方式は，□□□□□方式といわれる。<div align="right">R2-2-技術-問2(2)</div>	①PDS ②ADS ③SS

解説

本文の「光アクセスネットワーク」の「◆ SS方式，PDS方式」を参照してください。

【解答：①】

類似問題 R1-2-技術-問2(2)

問い2	答え
GE−PONシステムで用いられているOLT及びONUの機能などについて述べた次の記述のうち，正しいものは，□□□□□である。	①光ファイバ回線を光スプリッタで分岐し，OLTとONUの相互間を上り／下りともに最大の伝送速度として毎秒10ギガビットで双方向通信を行うことが可能である。 ②OLTは，ONUがネットワークに接続されるとそのONUを自動的に発見し，通信リンクを自動で確立する機能を有している。 ③ONUからの上り信号は，OLT配下の他のONUからの上り信号と衝突しないよう，OLTがあらかじめ各ONUに対して，異なる波長を割り当てている。<div align="right">R3-1-技術-問1(1)</div>

解説

　本文の「光アクセスネットワーク」の「◆GE-PON」を参照してください。各記述は，次のとおりです。

①最大の伝送速度は毎秒10ギガビットでなく，毎秒1ギガビットなので，誤り。

②P2MPディスカバリの機能で，正しい。

③OLTがあらかじめONUに対して，異なる周波数を割り当てるのではなく，ONUからの信号を時間的に多重化する上り帯域制御を行うので，誤り。

【解答：②】

類似問題 R2-2-技術-問1(1)，H30-2-技術-問1(1)，H29-2-技術-問2(3)，H28-2-技術-問1(1)，H28-2-技術-問2(5)，H27-2-技術-問2(4)，H27-1-技術-問1(1)

問い3	答え
GE－PONシステムについて述べた次の記述のうち，誤っているものは，[　　　]である。	①OLTからの下り方向の通信では，OLTが，どのONUに送信するフレームかを判別し，送信するフレームの宛先アドレスフィールドに，送信する相手のONU用の識別子を埋め込んでネットワークに送出する。 ②OLTからの下り信号は，放送形式で配下の全ONUに到達するため，各ONUは受信したフレームが自分宛であるかどうかを判断し，取捨選択を行う。 ③GE－PONは，OLTとONUの間において光／電気変換を行わず，受動素子である光スプリッタを用いて光信号を複数に分岐することにより，光ファイバを複数のユーザで共有する方式である。 H28-1-技術-問1(1)

解説

　本文の「光アクセスネットワーク」の「◆GE-PON」を参照してください。各記述は，次のとおりです。

①送信する相手の識別子を埋め込むのは，送信するフレームの宛先アドレスフィールドではなく，送信するフレームのプリアンブルなので，誤り。

②正しい。

③正しい。

【解答：①】

類似問題 R1-2-技術-問1(1)

問い4	答え
電気通信事業者の光アクセスネットワークとそれに接続されるユーザのLANとの間において，ユーザ宅内に設置され，宅内機器のアドレス変換，ルーティング，プロトコル変換などの機能を有する装置は，一般に，□□□□□といわれる。	①ホームゲートウェイ ②セットトップボックス ③OLT R2-2-技術-問3(3)

解説

本文の「光アクセスネットワーク」の「◆ホームゲートウェイ」を参照してください。

【解答：①】

問い5	答え
光アクセスネットワークには，電気通信事業者のビルから集合住宅のMDF室までの区間には光ファイバケーブルを使用し，MDF室から各戸までの区間には□□□□□方式を適用して既設の電話用配線を利用する方法がある。	①VDSL ②PDS ③PLC R3-1-技術-問2(2)

解説

本文の「光アクセスネットワーク」の「◆集合住宅への引込み」を参照してください。

【解答：①】

問い6	答え
CATVのネットワーク形態のうち，ヘッドエンド設備からユーザ宅までの伝送路の構成として，光ファイバケーブルと同軸ケーブルを組み合わせた形態を採る方式は，□□□□□□といわれる。 R2-2-技術-問2(3)	①**ADSL** ②**VDSL** ③**HFC**

解説

本文の「CATV」の「◆HFC」を参照してください。

【解答：③】

類似問題　H31-1-技術-問2(2)

問い7	答え
ADSLスプリッタは受動回路素子で構成されており，アナログ電話の音声信号とADSLの□□□□□□信号とを分離・合成する機能を有している。	①**DMT (Discrete Multi-Tone)** ②**WDM (Wavelength Division Multiplex)** ③**TDM (Time Division Multiplex)** R2-2-技術-問1(2)

解説

本文の「ADSL」の「◆ADSLスプリッタ」を参照してください。

【解答：①】

類似問題　R1-2-技術-問1(5)，H31-1-技術-問1(2)，H29-2-技術-問2(2)，H28-2-技術-問1(4)，
H27-1-技術-問1(2)，H27-1-技術-問1(4)

問い8	答え
メタリックケーブルを用いたアクセス回線において，幹線ケーブルの心線から分岐して分岐先に何も接続されていない開放状態となっている□□□□□□があると，ADSL信号のひずみと減衰が大きくなり，リンクが確立しなかったりスループットが低下したりすることがある。 R3-1-技術-問2(3)	①**フェルール** ②**マルチポイント** ③**ブリッジタップ**

本文の「ADSL」の「◆ブリッジタップ」を参照してください。

【解答：③】

類似問題 H28-2-技術-問2（4），H28-1-技術-問2（3），H27-2-技術-問2（3）

問い9	答え
IP電話のプロトコルとして用いられている □□□□□ は，IETFのRFC3261として標準化された呼制御プロトコルであり，IPv4及びIPv6の両方で動作する。	① SIP ② H.323 ③ ICMP R3-1-技術-問1（2）

本文の「IP電話」の「◆SIP」を参照してください。

【解答：①】

類似問題 R1-2-技術-問1（2），H30-2-技術-問1（4）

問い10	答え
IP電話などについて述べた次の二つの記述は，□□□□□。 A　IP電話には，0AB～J番号が付与されるものと，050で始まる番号が付与されるものがある。 B　有線IP電話機はLANケーブルを用いてIPネットワークに直接接続でき，一般に，背面又は底面にLANポートを備えている。	① Aのみ正しい ② Bのみ正しい ③ AもBも正しい ④ AもBも正しくない H30-1-技術-問1（3）

A　正しい。本文の「IP電話」の「◆電話番号」を参照してください。

B　正しい。本文の「IP電話」の「◆IP電話」を参照してください。

【解答：③】

類似問題 H31-1-技術-問1（3）

問い11	答え
デジタル信号を送受信するための伝送路符号化方式のうち [ ] 符号は，図に示すように，ビット値0のときは信号レベルを変化させず，ビット値1が発生するごとに，信号レベルを0から高レベルへ，高レベルから0へ，0から低レベルへ，低レベルから0へと，1段ずつ変化させる符号である。	①NRZ ②NRZI ③MLT－3 R1-2-技術-問2(1)

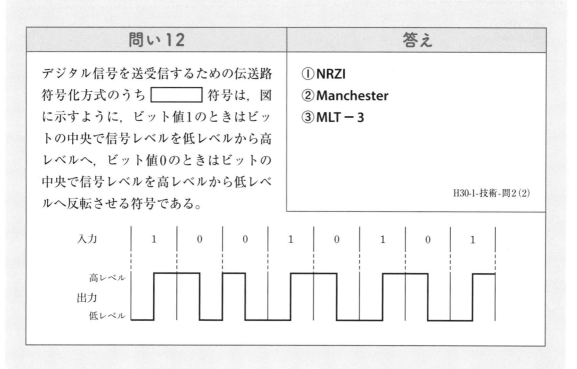

解説

本文の「伝送路符号」の「◆MLT-3符号」を参照してください。

【解答：③】

問い12	答え
デジタル信号を送受信するための伝送路符号化方式のうち [ ] 符号は，図に示すように，ビット値1のときはビットの中央で信号レベルを低レベルから高レベルへ，ビット値0のときはビットの中央で信号レベルを高レベルから低レベルへ反転させる符号である。	①NRZI ②Manchester ③MLT－3 H30-1-技術-問2(2)

本文の「伝送路符号」の「◆マンチェスタ符号」を参照してください。

【解答：②】

問い13	答え
100BASE－FXでは，送信するデータに対して4B／5Bといわれるデータ符号化を行った後，□□□□□といわれる方式で信号を符号化する。□□□□□は，図に示すように2値符号でビット値1が発生するごとに信号レベルが低レベルから高レベルへ又は高レベルから低レベルへと遷移する符号化方式である。	① NRZI ② NRZ ③ MLT－3 R3-1-技術-問2(1)

```
入力      1    0    0    1    0    1    0    1

高レベル
出力
低レベル
```

本文の「伝送路符号」の「◆NRZI符号」を参照してください。

【解答：①】

問い14	答え
「HDLC手順におけるフレーム同期などについて述べた次の二つの記述は，□□□□。 A　信号の受信側においてフレームの開始位置を判断するための開始フラグシーケンスは，01111110のビットパターンである。 B　受信側では，開始フラグシーケンスを受信後に5個連続したビットが1のとき，その直後のビットの0は無条件に除去される。」に置換	① Aのみ正しい ② Bのみ正しい ③ AもBも正しい ④ AもBも正しくない <div align="right">H28-2-技術-問2(1)</div>

解説

A　正しい。本文の「HDLC手順」の「◆フレーム同期」を参照してください。

B　正しい。本文の「HDLC手順」の「◆データの透過性」を参照してください。

【解答：③】

類似問題　R2-2-技術-問2(1)，H31-1-技術-問2(1)，H30-2-技術-問2(1)

No. 04 セキュリティ技術

これだけは覚えよう！

情報セキュリティ

☑ **可用性**：利用者が，必要なときに，情報及び情報資産へ確実にアクセスできる。

コンピュータウイルス

☑ **ファイル感染型**：実行形式のプログラムに感染。

☑ **ドライブバイダウンロード**：Webサイトを閲覧するだけで感染。

コンピュータウイルス対策

☑ OSやアプリケーションを最新状態にするために，アップデートを行う。

☑ WordやExcelでファイルを開くとき，マクロの自動実行機能を無効にしておく。

☑ ウイルス感染の兆候があっても，直ちに再起動を行わない。

☑ パターンマッチングは，パターン定義ファイルと検査対象を比較して検知する。

不正アクセスの方法

☑ **DDoS攻撃**：複数のコンピュータから攻撃対象へ，大量のリクエストを送信する。

☑ **キャッシュポイズニング**：DNSサーバへ偽りのドメイン名を書き込む。

☑ **ブルートフォース攻撃**：暗号鍵やパスワードのすべての組み合わせを試みる。

☑ **ポートスキャン**：サーバへ連続的にアクセスし，稼働サービスを調査する。

不正アクセス対策

☑ **DMZ**は，インターネットからアクセスを受けるWebサーバなどを設置するネットワーク。

☑ **シンクライアント**は，ユーザのコンピュータに表示・入力の機能しか持たせない。

☑ **ハニーポット**は，意図的に脆弱性を持たせたシステムで，調査・分析に用いる。

➜ 情報セキュリティ

◆ 情報セキュリティ　　　　　　　　　　重要度：★★★

　情報セキュリティは，情報と資産資産を保護する対策です。情報資産は，コンピュータなどの情報を扱う装置です。情報セキュリティには，3要素があります。脆弱性は，セキュリティ対策の不備や弱点で，セキュリティホールともいいます。

◆ 情報セキュリティの3要素　　　　　　重要度：★★★

　情報セキュリティの特性として，次の3要素があります。
・機密性：許可された利用者だけが，情報にアクセスできる。
・完全性：情報が改ざんや削除されずに，正しい状態を保つ。
・可用性：利用者が，必要なときに，情報及び情報資産へ確実にアクセスできる。

➜ コンピュータウイルス

◆ コンピュータウイルス　　　　　　　重要度：★★★

　コンピュータウイルスは，コンピュータに侵入して不正な動作を行うプログラムです。次のような種類があります。
・ファイル感染型：ファイルの拡張子が「.com」や「.exe」などの実行形式のプログラムに感染する。拡張子はファイル名の「.」で区切られた右側で，ファイルの種類を表す。
・マクロ感染型：マクロプログラムに感染する。マクロプログラムは，WordやExcelなどで定型作業などを自動化する。
・ブートセクタ感染型：ハードディスクなどのブートセクタに感染する。ブートセクタは，OS起動前に設定を行うプログラムが置かれるディクス内の領域。
・ドライブバイダウンロード攻撃：Webサイトなどに不正プログラムを忍ばせ，利用者がWebサイトを閲覧すると自動でダウンロードして実行する。

◆ コンピュータウイルス対策　　　　　　　重要度：★★☆

　日頃の対策として，次のことがあります。
・OSやアプリケーションを最新の状態にするために，**アップデートを行う。**
・WordやExcelなどでファイルを開くときに**マクロの自動実行機能を無効**にする。
　コンピュータ感染の兆候が表れたときの対処の一つは次のとおりです。
・起動しない可能性があるので，**直ちに再起動は行わない。**

◆ コンピュータウイルス対策ソフトウェア　　重要度：★★☆

　コンピュータウイルス対策ソフトウェアで，ウイルスを検出する方法として次があります。
・**パターンマッチング**：既知のウイルスの特徴をまとめたパターン定義ファイルと検査対象のメモリやファイルなどを比較する方法。
・**ヒューリスティック**：ウイルス特有のプログラムの挙動を検知する方法。未知のウイルスにも対応できる。

→ 不正アクセス

◆ 不正アクセスの方法（1）　　　　　　　重要度：★★☆

　不正アクセスの出題は多岐にわたります。既出問題で，正解となった用語は次のとおりです。
・**DDoS攻撃**：複数のコンピュータから攻撃対象のサーバへ，一斉に大量のリクエストを送信して，サーバに過剰な負荷をかけて機能不全にする。複数のコンピュータから行うDoS攻撃をDDoS攻撃という。
・**キャッシュポイズニング**：DNSサーバへ偽りのドメイン名を書き込み，悪意あるサイトに誘導する。ドメイン名はコンピュータなどの名前で，DNSサーバはドメイン名とIPアドレスの変換を行う。
・**セッションハイジャック**：攻撃者がWebサーバとWebブラウザの間に割り込み，正規ユーザになりすまして，やり取りの情報を盗んだり改ざんしたりする。
・**バナーチェック**：サーバが提供しているサービスに接続して，その応答メッセージよりサーバの種類やバージョンを推測して，サーバの脆弱性を検知する。
・**ブラウザクラッシャ**：Webページへの来訪者の画面に，連続的にウィンドウを開

くなど，来訪者が意図しない動作をさせるWebページ。

・**ブルートフォース攻撃**：考えられるすべての暗号鍵やパスワードの組み合わせを試みることで，暗号の解読やパスワードの解析を試みる。暗号鍵は，情報の暗号化と暗号文を元に戻すために必要なデータ列のこと。

・**辞書攻撃**：辞書にある英単語を組み合わせて，パスワードの解析を試みる。

・**ポートスキャン**：サーバへ連続して異なるサービスでアクセスして，稼働しているサービスを調査する。サーバのセキュリティホールなどを探す場合などに利用される。

・**バッファーオーバフロー**：システムが想定しているサイズ以上のデータを送り込み，メモリ領域をあふれさせて，動作不能や不正プログラムを実行する。

・**ワーム**：悪意のある単独プログラムで，ファイルへの感染活動は行わずに主としてネットワークを介して自己増殖する。

・**バックドア**：システムの不正侵入者により，再侵入するために仕掛けれらた侵入経路。

◆不正アクセスの方法（2）　　　　　　　重要度：★★★

既出問題で，正解以外の選択肢となった用語は次のとおりです。

・**SYNフラッド攻撃**：DoS攻撃の一種で，サーバへの接続要求であるSYNパケットだけを大量に送り続ける。

・**ガンプラ―**：Webサイトを乗っ取り，感染を広げるコンピュータウイルス。

・**コマンドインジェクション**：Webページの文字入力へ，サーバが命令として解釈できる不正な文字列を入力する。

・**スキミング**：磁気カードの情報を不正に読み取る。カードの複製などを行う。

・**スプーフィング**：なりすましのことで，送信元を詐称するなどを行う。

・**ゼロデイ**：脆弱性が発見されてから公表されるまでに，その脆弱性を悪用した攻撃を行う。

・**トラッシング**：ゴミとなった書類や記憶メディアを回収して，機密情報を盗む。

・**パスワード解析**：パスワードを見つけ出す。

・**トロイの木馬**：有用なソフトウェアなどを装った，利用者に気付かれないように不正を行うプログラム。

・**フィッシング**：正規のメールやWebサイトを装って，利用者の暗証番号やクレジットカード番号などを不正に取得する。

➔ 不正アクセス対策

◆ DMZ　　　　　　　　　　　　　　　　　　　　　　重要度：★★★

　DMZ（DeMilitarized Zone：非武装地帯）は，図1のように外部ネットワーク（インターネット）と内部ネットワーク（イントラネット）の中間に位置する緩衝地帯のネットワークです。ファイアウォールによって，外部ネットワークから内部ネットワークへのアクセスを禁止して，内部ネットワークのセキュリティを確保します。DMZへは外部ネットワークと内部ネットワークからアクセスできます。DMZには，インターネットからアクセスを受けるWebサーバやメールサーバなどの公開サーバを配置します。

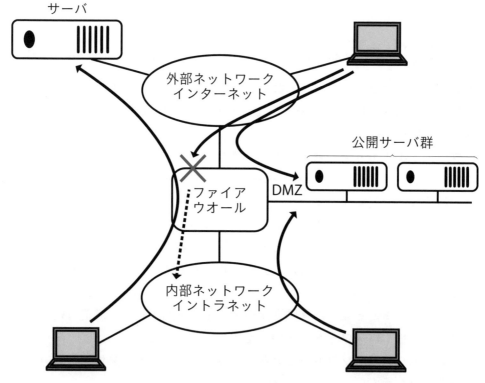

図1：DMZの構成

◆ シンクライアント　　　　　　　　　　　　　　　　重要度：★★☆

　シンクライアントは，ユーザが利用するコンピュータに表示や入力などの必要最小限の機能しか持たせず，サーバ側でアプリケーションの処理やデータファイルなどの

資源の管理をするシステムです。情報漏洩の対策になります。

◆ ハニーポット   重要度：★★☆

ハニーポットは，インターネットに設置する意図的に脆弱性を持たせたシステムです。不正侵入やコンピュータウイルスの振る舞いなどの調査・分析に用います。

◆ その他のセキュリティ対策   重要度：★☆☆

既出問題で，正解以外の選択肢となった用語は次のとおりです。

- IDS（Intrusion Detection System：侵入検知システム）：サーバ内やネットワーク上で通信を監視し，不正な通信を検知して通知を行う。
- NAT：内部ネットワークと外部ネットワーク間での転送パケットに含まれるIPアドレスを変換することによって，内部ネットワークのIPアドレスを隠ぺいする。
- SSL（Secure Sockets Layer）：トランスポート層の上で通信の暗号化を行うプロトコル。現在は，TLSを使用。
- 検疫ネットワーク：外部から持ち込んだ端末を接続し，ウイルス感染などを検査するネットワークで，内部ネットワークから隔離されている。
- ハードウェアトークン：認証用のデータなどを生成して，ユーザに通知する小型の表示装置。

練習問題

問い1	答え
情報セキュリティの3要素のうち，許可された利用者が，必要なときに，情報及び関連する情報資産に対して確実にアクセスできる特性は，◻◻◻◻といわれる。	①可用性 ②完全性 ③機密性 H30-2-技術-問3(1)

解説

本文の「情報セキュリティ」の「◆情報セキュリティの3要素」を参照してください。

【解答：①】

問い2	答え
コンピュータウイルスのうち，拡張子が「.com」，「.exe」などの実行形式のプログラムに感染するウイルスは，一般に，◻◻◻◻感染型ウイルスといわれる。	①マクロ ②ブートセクタ ③ファイル R2-2-技術-問3(1)

解説

本文の「コンピュータウイルス」の「◆コンピュータウイルス」を参照してください。

【解答：③】

問い3	答え
ウイルス感染及び感染防止対策について述べた次の二つの記述は，□□□□□。 A　インターネットからダウンロードしたファイルを実行するとウイルスに感染するおそれがあるが，Webページを閲覧しただけではウイルスに感染することはない。 B　OSやアプリケーションを最新の状態にするために，アップデートを行うことはウイルス感染防止対策として有効である。	①Aのみ正しい ②Bのみ正しい ③AもBも正しい ④AもBも正しくない R1-2-技術-問3(2)

解説

　本文の「コンピュータウイルス」の「◆コンピュータウイルス」と「◆コンピュータウイルス対策」を参照してください。概要は次のとおりです。

A　誤り。ドライブバイダウンロード攻撃では，Webページの閲覧だけでウイルス感染することがあります。

B　正しい。

【解答：②】

類似問題 H28-2-技術-問3(2)，H27-1-技術-問3(2)

問い4	答え
分散された複数のコンピュータから攻撃対象のサーバに対して，一斉に大量のリクエストを送信し，過剰な負荷をかけて機能不全にする攻撃は，一般に，□□□□□攻撃といわれる。	①ゼロデイ ②ブルートフォース ③DDoS R3-1-技術-問3(1)

解説

　本文の「不正アクセス」の「◆不正アクセスの方法(1)」を参照してください。

【解答：③】

類似問題 R1-2-技術-問3(1)，H31-1-技術-問3(1)，H30-1-技術-問3(1)，
H29-1-技術-問3(1)，H28-2-技術-問3(1)

問い5	答え
外部ネットワーク（インターネット）と内部ネットワーク（イントラネット）の中間に位置する緩衝地帯は 　　　 といわれ，インターネットからのアクセスを受けるWebサーバ，メールサーバなどは，一般に，ここに設置される。	①DMZ ②SSL ③IDS R3-1-技術-問3(2)

解説

本文の「不正アクセス対策」の「◆DMZ」を参照してください。

【解答：①】

類似問題　H29-2-技術-問3(2)，H27-2-技術-問3(1)，H27-2-技術-問3(2)

No.
05 ネットワークの工事技術

第1章

第2章

第3章

第4章

これだけは覚えよう！

UTPケーブルの工事

- ☑ 非シールド撚り対線ケーブルともいい，心線を撚りノイズを出しにくくしている。
- ☑ コネクタ成端で撚り戻しを長くすると近端漏話が大きくなる。
- ☑ UTPの両端は，RJ-45という8ピンのモジュラプラグなどを付ける。
- ☑ 568Bのピン番号の組合せは，ペア1が4番と5番，ペア2が1番と2番。
- ☑ 1000BASE-Tは，通信に568B（568A）のすべてのペアを用い，カテゴリ5e以上のUTP。

UTPケーブルの配線試験

- ☑ ワイヤマップ試験は，結線の誤りを検出できるが，配線の性能は検出できない。
- ☑ 結線の誤りには，スプリットペア，クロスペア，リバースペアなどがある。

光ファイバの工事技術

- ☑ 光ファイバは，コアの屈折率がクラッドより僅かに大きい。
- ☑ マルチモード光ファイバはモード分散がある。
- ☑ プラスチック光ファイバの通信モジュールには，LEDが用いられる。
- ☑ フェルールはコアをコネクタ中心に固定し，フラット研磨ではフレネル反射が発生。
- ☑ FCコネクタは，接合部がねじ込み式で，振動に強い構造。
- ☑ 融着接続は，光ファイバの接続部を光ファイバ保護スリーブで補強する。
- ☑ メカニカルスプライス接続は，V溝で光ファイバどうしを接続して固定する。
- ☑ レイリー散乱損失は，光ファイバの屈折率の揺らぎによる光の散乱で発生する損失。
- ☑ マイクロベンディングロスは，光ファイバを強く曲げることで発生する損失。

☑ フロアダクトの交差するところには，ジャンクションボックスを配置する。

☑ フロアダクトには，D種接地工事（接地抵抗100〔Ω〕以下）を施す必要がある。

☑ セルラフロアは，ケーブルを通す既設ダクトを備えた床である。

☑ フリーアクセスフロアは，二重床の床下にLANケーブルなどを自由に配線する。

☑ 硬質ビニル管は，屋内線を家屋の壁などに貫通するところで絶縁を確保する。

→ UTPケーブルの工事

◆UTPケーブル　　　　　　　　　　　　　　　　　　　重要度：★★☆

　UTPケーブルは非シールド撚り対線ケーブルで，図1のように8本の心線があり，2本の心線どうしを撚り合わせた対が4対あります。各対で信号を流しており，心線どうしを撚り合わせることで外部へノイズを出しにくい特性を持たせています。図1の両端の番号は，接続されるコネクタ，プラグのピン番号です。UTPケーブルは，イーサネット規格の100BASE-TXや1000BASE-Tで使用され，TがUTPケーブルの使用を示します。

UTP ケーブル

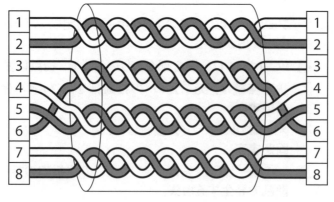

図1：UTPケーブル

◆RJ-45　　　　　　　　　　　　　　　　　　　　　重要度：★★☆

　UTPケーブルには，**RJ-45**といわれる**8**ピンのモジュラ**コネクタ**（メス）かモジュラ**プラグ**（オス）を接続します。モジュラコネクタは，コンセントであるアウトレットで使用されます。モジュラプラグは，**IP電話などの端末の配線用**にも使用されます。図2はピン番号で，モジュラコネクタへモジュラプラグを差し込むので，図では逆の並びになります。

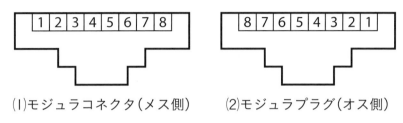

(1)モジュラコネクタ（メス側）　　(2)モジュラプラグ（オス側）

図2：RJ-45の前画面と端子番号

◆配線規格　　　　　　　　　　　　　　　　　　　　重要度：★★★

　UTPケーブルとRJ-45の配線規格には，568Aと568Bがあります。UTPケーブルの対を接続するRJ-45の2ピンをペア1〜ペア4といいます。図3にモジュラコネクタでの配線規格を示します。2つの規格でペア2とペア3の並びが異なります。

　ポイントは次のとおりです。
・568Bのペア1のピン番号の組合せは，**4**番と**5**番。
・568Bのペア2のピン番号の組合せは，**1**番と**2**番。
・1000BASE-Tのイーサネットでは，**すべてのペア**を用いてデータ送受信を行う。

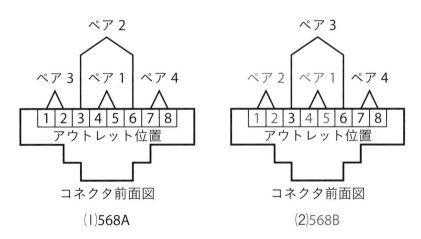

(1)568A　　　　　　　　　　　　　　(2)568B

図3：RJ-45の配線規格

◆UTPケーブルの成端　重要度：★★☆

　UTPケーブルへRJ-45を接続する作業を成端といいます。UTPケーブルの成端において，対の撚り戻し長を**長く**すると近端漏話が大きくなるので，規定長以内で，できるだけ短くする必要があります。

◆カテゴリ　重要度：★★☆

　UTPケーブルは，性能をカテゴリという数値で区分しており，数値が大きいほど性能が高く高速のイーサネット規格で使用できます。1000BASE-Tでは，カテゴリ5e以上のUTPケーブルの使用が推奨されています。カテゴリ5e（enhanced）は，カテゴリ5の性能を向上させた区分です。

→ UTPケーブルの配線試験

◆UTPケーブルの配線試験　重要度：★★☆

　UTPケーブル配線後の試験として，ワイヤマップ試験と性能試験に大別されます。ワイヤマップ試験は，**誤配線**を検出します。性能試験は，配線の**性能**を検査します。

◆ワイヤマップ試験　重要度：★★☆

　ワイヤマップ試験は，ケーブルテスタなどを用いて配線の誤りを検出する試験です。配線誤りは，断線と短絡以外に図4の**スプリットペア**，**クロスペア**，**リバースペア**などがあり，概要は次のとおりです。
・スプリットペア（対**分割**）：端子間接続は正しいが，使用する対が正しくない配線
・クロスペア（対**交差**）：対の一方が誤った端子に接続されている配線
・リバースペア（対**反転**）：対での端子の極性が反転している配線
　図4の端子番号はT568A/Bのペアに合わせて並べ替えてあり，点線で囲まれた2本の心線が撚り対のペアです。

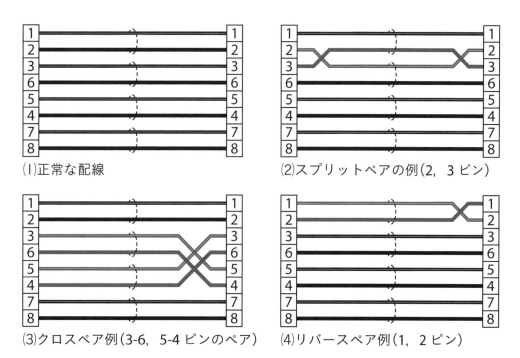

(1)正常な配線 　　　　　　　　(2)スプリットペアの例(2, 3ピン)

(3)クロスペア例(3-6, 5-4ピンのペア)　(4)リバースペア例(1, 2ピン)

図4：ワイヤマップ試験の配線誤り

◆ 性能試験　　　　　　　　　　　　　　　重要度：★★★

性能試験の測定項目の概要は次のとおりです。

・遠端漏話減衰量：遠端漏話の少なさ
・近端漏話減衰量：近端漏話の少なさ
・挿入損失：送信端の信号が受信端で損失する量
・伝搬遅延時間：送信端の信号が受信端に届くまでの時間

● 光ファイバの工事技術

◆ 光ファイバ　　　　　　　　　　　　　　重要度：★★★

　光ファイバは石英やプラスチックで形成される2層構造で，内側は光が通るコア，外側は光を反射させるクラッドです。コアの屈折率がクラッドより僅かに大きいことで，コア内の光をクラッドとの境界面で反射させて，コアから光が漏れないようにしています。屈折率とは，真空中の光の速度と物質中の光の速度の比です。屈折率の異なる物質の境界面で光の反射が起きる現象を光ファイバは利用しています。

◆ 光ファイバの種類 重要度：★★★

　光ファイバの構造を図5に示します。光ファイバは，次の2つに大別されます。

・**シングルモード**：コア径が小さく，光の経路が単一。長距離，大容量通信に向く。

・**マルチモード**：コア径が大きく，光の経路が複数。受端で信号が歪む**モード分散**があり，シングルモードより伝送帯域が**狭い**。

　マルチモードの光ファイバは，コアの屈折率の違いから次の2つがあります。

・**ステップインデックス**型：コアの屈折率が均等。

・**グレーテッドインデックス**型：コアの屈折率をコアの中心から外側に向かって小さくする。これによりモード分散を**低減**している。

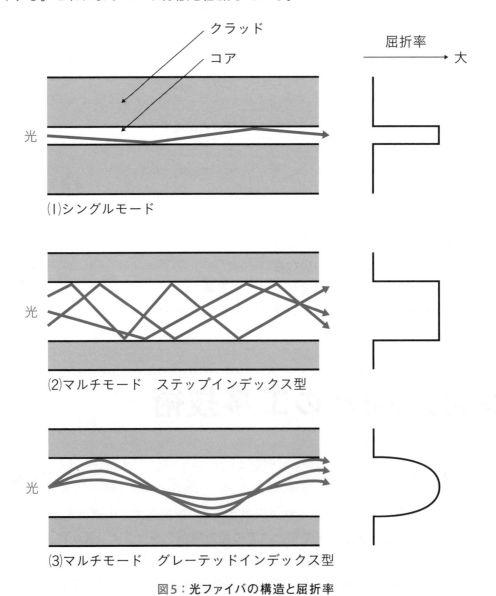

図5：光ファイバの構造と屈折率

◆ プラスチック光ファイバ　　　　　　　　重要度：★★☆

　プラスチック光ファイバの通信モジュールには，光波長が650ナノメートルの**LED**が用いられます。特徴は，ホームネットワークの配線などに用いられ，曲げに強く折れにくいことです。

◆ 光ファイバ用コネクタ　　　　　　　　　　重要度：★★☆

　光ファイバ用コネクタのポイントは，次のとおりです。
- 図6の**フェルール**は，コアの中心をコネクタの中心に固定する部品。
- フェルールの先端は研磨が必要で，平面にするフラット研磨は光ファイバの接合部に微小な空間ができ，空間による屈折率の違いで**フレネル反射**が起こる。
- 心線どうしを接続するコネクタは，**接続損失**や**反射**が発生しないようにする。心線は，光ファイバを被覆した線。
- **FC**コネクタは，接合部がねじ込み式で，振動に強い構造である。

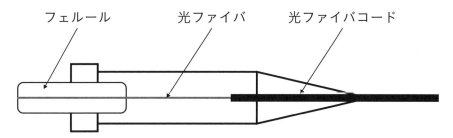

図6：光ファイバ用コネクタの断面図

◆ 光ファイバどうしの接続　　　　　　　　　重要度：★★☆

　光ファイバの接続には，次の3つがあります。
- **融着接続**：光ファイバを溶かして接続する。接続した融着部分は機械的に弱いので，**光ファイバ保護スリーブ**というチューブを被せて補強する。
- **メカニカルスプライス**：図7のように部材を用い，V溝で光ファイバどうしを軸あわせして接続し，固定する。接続工具は**電源**が不要。
- **コネクタ接続**：コネクタを用いた接続で，脱着が**可能**。

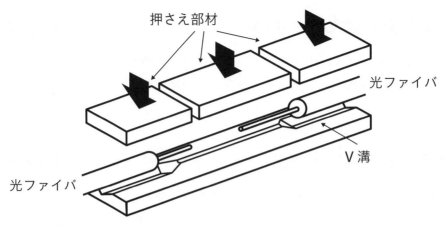

押さえ部材

光ファイバ

光ファイバ

V溝

図7：メカニカルスプライス例

◆ 光ファイバでの信号劣化　　　　　　　　重要度：★★☆

光ファイバでの信号劣化には，次があります。
- モード分散：光ファイバが複数の経路で信号を伝搬し，受端で信号が歪む
- フレネル反射：屈折率の異なる物質の境界面で起こる反射
- レイリー散乱損失：光ファイバの屈折率の揺らぎによって，光が直進せず散乱
- マイクロベンディングロス：光ファイバを強く曲げることでコアがゆがみ，光がクラッドへ漏れる

→ ネットワーク工事技術

◆ ケーブル配線設備　　　　　　　　　　重要度：★☆☆

室内におけるケーブル配線設備には，フロアダクト方式，セルラフロア方式，フリーアクセスフロア方式があります。屋内線を壁へ貫通するときなどに使用する硬質ビニル管があります。

◆ フロアダクト方式　　　　　　　　　　重要度：★★★

フロアダクトは，図8のように鋼製ダクトをコンクリートの床スラブ上に埋設して，フロアダクト内に電源ケーブルや通信ケーブルを収容します。床スラブは，鉄筋コンクリートによる建物自体の床です。ポイントは次のとおりです。

・フロアダクトが交差するところには，**ジャンクションボックス**が設置される。
・ダクトには D 種接地工事（接地抵抗が 100〔Ω〕以下）を施す必要がある。

　接地は，感電などを防止するために，機器と大地を接続することです。A種からD種まで規定されています。接地抵抗は機器と大地間の電気抵抗です。

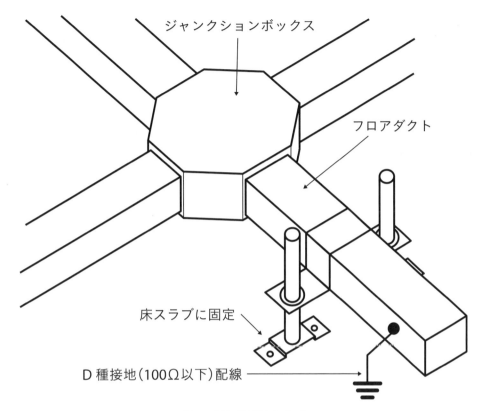

ジャンクションボックス

フロアダクト

床スラブに固定

D 種接地（100Ω以下）配線

図8：フロアダクト方式

◆ セルラフロア方式 重要度：★★★

　　セルラフロアは，電源ケーブルや通信ケーブルを配線するための既設ダクトを備えた金属製又はコンクリートの床です。

◆ フリーアクセスフロア方式 重要度：★★★

　　フリーアクセスフロアは，二重床にして空間を作り，空間に電源ケーブル，通信ケーブルなどを自由に配線できる床です。通信機械室などで使用されます。

◆ 硬質ビニル管 重要度：★★☆

　　硬質ビニル管は，屋内線を家屋の壁などに貫通する箇所で絶縁を保護するためや，屋内線を電灯線（電力線）や支持物から保護するために用います。

練習問題

問い1	答え
LAN配線工事に用いられるUTPケーブルについて述べた次の記述のうち，正しいものは，□□□□である。	①UTPケーブルは，ケーブル外被の内側において薄い金属箔を用いて心線全体をシールドすることにより，ケーブルの外部からのノイズの影響を受けにくくしている。 ②UTPケーブルは，ケーブル内の2本の心線どうしを対にして撚り合わせることにより，ケーブルの外部へノイズを出しにくくしている。 ③UTPケーブルをコネクタ成端する場合，撚り戻し長を短くすると，近端漏話が大きくなる。 R2-2-技術-問4(4)

解説

①誤り。UTPケーブルは心線全体をシールドしていません。本文の心線全体をシールドしているのはSTP (Shielded Twisted Pair)です。本文の「UTPケーブルの工事」の「◆UTPケーブル」を参照してください。

②正しい。本文の「UTPケーブルの工事」の「◆UTPケーブル」を参照してください。

③誤り。UTPケーブルの心線の撚り戻し長を短くすると近端漏話は小さくなります。本文の「UTPケーブルの工事」の「◆UTPケーブルの成端」を参照してください。

【解答：②】

類似問題　H30-2-技術-問4(4)

問い2	答え
IP電話機を，IEEE802.3uとして標準化された100BASE－TXのLAN配線に接続するためには，一般に，非シールド撚り対線ケーブルの両端に　　　　　を取り付けたコードが用いられる。	①RJ－14といわれる6ピン・モジュラプラグ ②RJ－14といわれる8ピン・モジュラプラグ ③RJ－45といわれる6ピン・モジュラプラグ ④RJ－45といわれる8ピン・モジュラプラグ R2-2-技術-問1(3)

解説

本文の「UTPケーブルの工事」の「◆RJ-45」を参照してください。

【解答：④】

類似問題　H30-2-技術-問1(3)，H28-1-技術-問1(5)

問い3	答え
UTPケーブルを図に示す8極8心のモジュラコネクタに，配線規格T568Bで決められたモジュラアウトレットの配列でペア1からペア4を結線するとき，ペア1のピン番号の組合せは，　　　　　である。	①1番と2番 ②3番と6番 ③4番と5番 ④7番と8番

```
 ▊ ▊ ▊ ▊ ▊ ▊ ▊ ▊
 1 2 3 4 5 6 7 8
   アウトレット位置

   コネクタ前面図
```

H31-1-技術-問4(3)

解説

本文の「UTPケーブルの工事」の「◆配線規格」を参照してください。

【解答：③】

類似問題　R3-1-技術-問4(3)，H30-2-技術-問4(3)

問い4	答え
1000BASE－TイーサネットのLAN配線工事では，一般に，カテゴリ □ 以上のUTPケーブルの使用が推奨されている。	①5e ②6 ③6A <div align="right">R1-2-技術-問4（3）</div>

解説

本文の「UTPケーブルの工事」の「◆カテゴリ」を参照してください。

【解答：①】

問い5	答え
LAN配線工事における配線試験について述べた次の記述のうち，誤っているものは，□ である。	①UTPケーブルの配線試験において，ワイヤマップ試験では，断線やクロスペアなどの配線不具合を検出することができる。 ②UTPケーブルの配線に関する測定項目として，挿入損失，伝搬遅延時間などがある。 ③UTPケーブルの配線試験において，ワイヤマップ試験では，近端漏話減衰量や遠端漏話減衰量を測定することができる。 <div align="right">R2-2-技術-問4（5）</div>

解説

①正しい。本文の「UTPケーブルの配線試験」の「◆ワイヤマップ試験」を参照してください。

②正しい。本文の「UTPケーブルの配線試験」の「◆UTPケーブルの配線試験」を参照してください。

③誤り。ワイヤマップ試験では，近端漏話減衰量や遠端漏話減衰量などの配線の性能は測定できません。本文の「UTPケーブルの配線試験」の「◆UTPケーブルの配線試験」を参照してください。

【解答：③】

類似問題 H31-1-技術-問4（5），H27-1-技術-問4（5）

問い6	答え
UTPケーブルへのコネクタ成端時における結線の配列誤りには，□□□□，クロスペア，リバースペアなどがあり，このような配線誤りの有無を確認する試験は，一般に，ワイヤマップ試験といわれる。 H29-2-技術-問4(4)	①ショートリンク ②ツイストペア ③スプリットペア

解説

本文の「UTPケーブルの配線試験」の「◆ワイヤマップ試験」を参照してください。

【解答：③】

問い7	答え
石英系光ファイバについて述べた次の二つの記述は，□□□□。 A LAN配線に用いられるマルチモード光ファイバは，モード分散の影響により，シングルモード光ファイバと比較して伝送帯域が狭い。 B ステップインデックス型光ファイバのコアの屈折率は，クラッドの屈折率より僅かに小さい。 H31-1-技術-問4(2)	①Aのみ正しい ②Bのみ正しい ③AもBも正しい ④AもBも正しくない

解説

A　正しい。本文の「光ファイバの工事技術」の「◆光ファイバの種類」を参照してください。

B　誤り。光ファイバのコアの屈折率は，クラッドの屈折率より僅かに大きいです。本文の「光ファイバの工事技術」の「◆光ファイバ」を参照してください。

【解答：①】

類似問題　R2-2-技術-問4(1)

問い8	答え
ホームネットワークなどにおける配線に用いられるプラスチック光ファイバは，曲げに強く折れにくいなどの特徴があり，送信モジュールには，一般に，光波長が650ナノメートルの ☐ が用いられる。	①LED ②FET ③PD <div align="right">H30-2-技術-問4(1)</div>

解説

本文の「光ファイバの工事技術」の「◆プラスチック光ファイバ」を参照してください。

【解答：①】

問い9	答え
光ファイバ用コネクタには，光ファイバのコアの中心をコネクタの中心に固定するために ☐ といわれる部品が使われている。	①フェルール ②スリーブ ③プランジャ <div align="right">R3-1-技術-問4(2)</div>

解説

本文の「光ファイバの工事技術」の「◆光ファイバ用コネクタ」を参照してください。

【解答：①】

類似問題 　H31-1-技術-問4(1)，H29-2-技術-問4(1)

問い10	答え
光ファイバの接続について述べた次の二つの記述は，□□□□。 A　メカニカルスプライス接続は，V溝により光ファイバどうしを軸合わせして接続する方法を用いており，接続工具には電源を必要としない。 B　コネクタ接続は，光コネクタにより光ファイバを機械的に接続する接続部に接合剤を使用するため，再接続できない。	①Aのみ正しい ②Bのみ正しい ③AもBも正しい ④AもBも正しくない R1-2-技術-問4(2)

解説

A　正しい。本文の「光ファイバの工事技術」の「◆光ファイバどうしの接続」を参照してください。

B　誤り。コネクタ接続は，脱着が可能なので再接続できます。本文の「光ファイバの工事技術」の「◆光ファイバどうしの接続」を参照してください。

【解答：①】

類似問題　R2-2-技術-問4(2)，H30-1-技術-問4(2)

問い11	答え
光ファイバの損失について述べた次の二つの記述は，□□□□。 A　レイリー散乱損失は，光ファイバ中の屈折率の揺らぎによって，光が散乱するために生ずる。 B　マイクロベンディングロスは，光ファイバケーブルの布設時に，光ファイバに過大な張力が加わったときに生ずる。	①Aのみ正しい ②Bのみ正しい ③AもBも正しい ④AもBも正しくない H30-1-技術-問4(1)

解説

A　正しい。本文の「光ファイバの工事技術」の「◆光ファイバでの信号劣化」を参照してください。

B　誤り。マイクロベンディングロスは，光ファイバを強く曲げることで損失が生じ

ることであり，過大な張力を加えて生じる損失ではありません。本文の「光ファイバの工事技術」の「◆光ファイバでの信号劣化」を参照してください。

【解答：①】

問い12	答え
室内におけるケーブル配線設備について述べた次の二つの記述は，□□□□。 A　床の配線ダクトにケーブルを通す床配線方式で，電源ケーブルや通信ケーブルを配線するための既設ダクトを備えた金属製又はコンクリートの床は，一般に，セルラフロアといわれる。 B　通信機械室などにおいて，床下に電力ケーブル，LANケーブルなどを自由に配線するための二重床は，一般に，フリーアクセスフロアといわれる。	①Aのみ正しい ②Bのみ正しい ③AもBも正しい ④AもBも正しくない H28-1-技術-問4(5)

解説

A　正しい。本文の「ネットワーク工事技術」の「◆セルラフロア方式」を参照してください。

B　正しい。本文の「ネットワーク工事技術」の「◆フリーアクセスフロア方式」を参照してください。

【解答：③】

類似問題 R3-1-技術-問4(5)，H30-2-技術-問4(5)

問い13	答え
室内におけるケーブル配線設備について述べた次の二つの記述は，⬚。 A　通信機械室などにおいて，床下に電力ケーブル，LANケーブルなどを自由に配線するための二重床は，セルラフロアといわれる。 B　フロアダクト配線工事において，フロアダクトが交差するところには，一般に，ジャンクションボックスが設置される。	①Aのみ正しい ②Bのみ正しい ③AもBも正しい ④AもBも正しくない H27-2-技術-問4(5)

解説

A　誤り。フリーアクセスフロアの記述であり，既設ダクトを備えた金属製又はコンクリートの床であるセルラフロアではありません。本文の「ネットワーク工事技術」の「◆セルラフロア方式」を参照してください。

B　正しい。本文の「ネットワーク工事技術」の「◆フロアダクト方式」を参照してください。

【解答：②】

類似問題　H29-2-技術-問4(5)

問い14	答え
フロアダクトは，鋼製ダクトをコンクリートの床スラブに埋設し，電源ケーブルや通信ケーブルを配線するために使用される。埋設されるダクトには，接地抵抗値が⬚オーム以下の接地工事を施す必要がある。	①1 ②10 ③100 R2-2-技術-問4(3)

解説

接地抵抗が100〔Ω〕以下の接地工事は，D種接地工事といいます。本文の「ネットワーク工事技術」の「◆フロアダクト方式」を参照してください。

【解答：③】

類似問題　H30-1-技術-問4(4)

問い15	答え
屋内線が家屋の壁などを貫通する箇所で絶縁を確保するためや，電灯線及びその他の支障物から屋内線を保護するためには，一般に，□□□ が用いられる。	①硬質ビニル管 ②PVC電線防護カバー ③ワイヤプロテクタ H30-1-技術-問4(3)

解説

本文の「ネットワーク工事技術」の「◆硬質ビニル管」を参照してください。

【**解答：①**】

第 **3** 章

端末設備の接続に関する法規

　本章では，電気通信に関連した国内の法令である電気通信事業法，有線電気通信法，端末設備等規則，工事担任者規則，不正アクセス禁止法を学びます。法令には日常で使用しない言葉が含まれるので，用語の解説を行いました。解説の法令や過去問を通して，法令の表現にも慣れるようにしてください。

01 | 電気通信事業法

これだけは覚えよう！

用語の定義

- ☑ 電気通信設備とは，必要な機械，器具，線路その他の電気的設備をいう。
- ☑ 電気通信役務では，電気通信設備を他人の通信の用に供する。
- ☑ 音声伝送役務は，4kHz帯域の音響を伝送交換し，データ伝送役務以外をいう。
- ☑ データ伝送役務は，専ら符号又は影像を伝送交換する。
- ☑ 電気通信回線設備は，伝送路設備，交換設備及び附属設備をいう。
- ☑ 端末系伝送路設備は，端末設備又は自営電気通信設備と接続される。

電気通信事業法　総則

- ☑ 同法は，電気通信役務の円滑な提供を確保し，利用者の利益を保護する。
- ☑ 電気通信事業者の取扱中に係る通信は，検閲してはならない。
- ☑ 電気通信事業に従事する者は，取扱中に係る通信に関して知り得た他人の秘密を守らなければならない。その職を退いた後においても，同様とする。
- ☑ 電気通信事業者は，非常事態が発生し，又は発生するおそれがあるときは，秩序の維持のために必要な通信を優先的に取り扱わなければならない。公共の利益のために総務省令で定めるものについても，同様とする。

電気通信事業法　電気通信事業

- ☑ 総務大臣は，電気通信事業者が不当な差別的取扱いを行っていると認めるときは，電気通信事業者に対し，公共の利益を確保するために必要な限度において，業務の方法の改善その他の措置をとるべきことを命ずることができる。
- ☑ 端末設備の接続の検査に従事する者は，端末設備の設置の場所に立ち入るときは，その身分を示す証明書を携帯し，関係人に提示しなければならない。
- ☑ 電気通信事業者は，電気通信回線設備を設置する電気通信事

業者以外の者からその電気通信設備（自営電気通信設備）をその電気通信回線設備に接続すべき旨の請求を受けたとき，その自営電気通信設備の接続が，総務省令で定める技術基準に適合しないとき，その請求を拒むことができる。

➡ 電気通信事業法と関連法令

◆ 電気通信事業法と関連法令　　重要度：★★★

　試験範囲の法規は次のとおりで，工事担任者に関連した部分が出題されます。
電気通信事業法，電気通信事業法施行規則／工事担任者規則／有線電気通信法，有線電気通信設備令／端末設備等規則，端末機器の技術基準適合認定等に関する規則／不正アクセス行為の禁止等に関する法律
　本章では，出題されてきた用語などを赤字で示しました。各法令の内容は，法令名をインターネット検索することで「e-GOV法令検索」より参照できます。

➡ 用語の定義

◆ 定義で使用される用語の説明　　重要度：★★★

　定義の説明に含まれている特別な用語は，次のとおりです。
電磁的：電気，電波及び光　符号：データ　音響：音　影像：静止画，動画
機械：動力が必要な大きな機器　器具：簡単な構造の器械や道具　役務：サービス
用に供する：ために提供する
自営電気通信設備：電気通信事業者以外の電気通信設備
　端末設備と自営電気設備の違いは次のとおりです。
・端末設備：設置場所が同一構内または同一建物内のもの
・自営電気通信設備：端末以外のもの。（設置場所が，公共エリアや構内・建物をまたがるもの

◆ 電気通信事業法　第二条（定義）　　重要度：★★★

　定義されている用語は次のとおりです。

- 電気通信：有線，無線その他の電磁的方式により，符号，音響又は影像を送り，伝え，又は受けること
- 電気通信設備：電気通信を行うための機械，器具，線路その他の**電気的**設備
- 電気通信役務：電気通信設備を用いて他人の通信を媒介し，その他電気通信設備を**他人の通信**の用に供すること
- 電気通信事業：電気通信役務を他人の需要に応ずるために提供する事業
- 電気通信事業者：電気通信事業を営むことについて，電気通信事業法の規定による総務大臣の登録を受けた者及び同法の規定により総務大臣への届出をした者
- 電気通信業務：電気通信事業者の行う電気通信役務の提供の業務

◆ 電気通信事業法施行規則　第二条（用語）　重要度：★★★

定義されている用語は次のとおりです。
- 音声伝送役務：おおむね**4**キロヘルツ帯域の音声その他の音響を伝送交換する機能を有する電気通信設備を他人の通信の用に供する電気通信役務であって**データ伝送役務以外**のもの
- データ伝送役務：**専ら符号**又は**影像**を伝送交換するための電気通信設備を他人の通信の用に供する電気通信役務
- 専用役務：特定の者に電気通信設備を専用させる電気通信役務

◆ その他の用語　重要度：★★★

電気通信事業法と施行規則の条項中で定義されている用語は次のとおりです
- 電気通信回線設備：送信の場所と受信の場所との間を接続する伝送路設備及びこれと一体として設置される**交換設備**並びにこれらの附属設備（電気通信事業法　第九条　一）
- 端末設備：電気通信回線設備の一端に接続される電気通信設備であって，一の部分の設置の場所が他の部分の設置の場所と同一の構内（これに準ずる区域内を含む。）又は同一の建物内であるもの（電気通信事業法　第五十二条）
- 端末機器：総務省令で定める種類の端末設備の機器（電気通信事業法　第五十三条）
- 端末系伝送路設備：端末設備又は**自営電気通信設備**と接続される伝送路設備（電気通信事業法施行規則　第三条　一）

◆ 用語の確認　重要度：★☆☆

出題された用語の説明において，誤りとして記述されやすい部分を正誤で示します。
- 電気通信役務

誤：その他電気通信設備を**特定の者の専用**に供することをいう

正：その他電気通信設備を**他人の通信の用**に供することをいう

・音声伝送役務

誤：おおむね**3**キロヘルツ帯域の音声〜データ伝送役務**を含むもの**

正：おおむね**4**キロヘルツ帯域の音声〜データ伝送役務**以外**のもの

・データ伝送役務

誤：**音声その他の音響**を伝送交換する機能を有する電気通信設備を

正：**専ら符号又は影像**を伝送交換するための電気通信設備を

・端末系伝送路設備

誤：端末設備又は**事業用電気通信設備**と接続される伝送路設備を

正：端末設備又は**自営電気通信設備**と接続される伝送路設備を

→ 電気通信事業法　総則

◆ 第一条（目的）　　　　　　　　　　　　重要度：★★★

　第一条は，次のとおりです。

　電気通信事業法は，電気通信事業の公共性にかんがみ，その運営を適正かつ合理的なものとするとともに，その公正な競争を促進することにより，電気通信役務の**円滑な提供**を確保するとともにその利用者の**利益**を保護し，もって電気通信の健全な発達及び国民の利便の確保を図り，公共の福祉を増進することを目的とする。

◆ 第三条（検閲の禁止）　　　　　　　　　重要度：★★★

　第三条は，次のとおりです。

　電気通信事業者の取扱中に係る通信は，**検閲**してはならない。

◆ 第四条（秘密の保護）　　　　　　　　　重要度：★★★

　第四条は，次のとおりです。

　電気通信事業者の取扱中に係る通信の秘密は，侵してはならない。電気通信事業に従事する者は，在職中電気通信事業者の取扱中に係る**通信**に関して知り得た**他人の秘密**を守らなければならない。その職を退いた後においても，**同様**とする。

◆ 第六条（利用の公平）　　　　　　　　　　重要度：★★★

第六条は，次のとおりです。

電気通信事業者は，電気通信役務の提供について，不当な差別的取扱いをしてはならない。

◆ 第八条（重要通信の確保）　　　　　　　　重要度：★★★

第八条は，次のとおりです。

電気通信事業者は，天災，事変その他の非常事態が発生し，又は発生するおそれがあるときは，災害の予防若しくは救援，交通，通信若しくは電力の供給の確保又は**秩序の維持**のために必要な事項を内容とする通信を優先的に取り扱わなければならない。**公共の利益**のため緊急に行うことを要するその他の通信であって総務省令で定めるものについても，同様とする。

◆ 条項の確認　　　　　　　　　　　　　　重要度：★☆☆

出題された条項の説明において，誤りとして記述されやすい部分を正誤で示します。
・第三条（検閲の禁止）
　誤：**犯罪捜査に必要であると総務大臣が認めた場合を除き**，検閲してはならない。
　正：検閲してはならない。
・第四条（秘密の保護）
　誤1：知り得た**人命に関する情報は，警察機関に通報し，これを秘匿**しなければ
　正1：知り得た**他人の秘密を守ら**なければ
　誤2：その職を退いた後においては，**その限りでない。**
　正2：その職を退いた後においても，**同様とする。**

→ 電気通信事業法　電気通信事業

◆ 第二十九条　二（業務の改善命令）　　　重要度：★★☆

第二十九条　二は，次のとおりです。

総務大臣は，電気通信事業者が特定の者に対し不当な差別的取扱いを行っていると認めるときは，電気通信事業者に対し，利用者の利益又は**公共の利益**を確保するため

に必要な限度において，**業務の方法の改善**その他の措置をとるべきことを命ずることができる。

◆ 第五十二条（端末設備の接続の技術基準）　重要度：★ ★ ★

第五十二条は，次のとおりです。端末設備の技術基準，技術基準適合認定は本章のNo.3，No.4の端末設備等規則で説明します。

電気通信事業者は，利用者から端末設備をその電気通信回線設備に接続すべき旨の請求を受けたときは，その接続が総務省令で定める**技術基準**に適合しない場合その他総務省令で定める場合を除き，その請求を拒むことができない。

◆ 第五十五条（表示が付されていないものとみなす場合）　重要度：★ ★ ★

第五十五条は，次のとおりです。

登録認定機関による技術基準適合認定を受けた端末機器であって総務省令で定める技術基準に適合していない場合において，総務大臣が電気通信回線設備を利用する他の利用者の**通信への妨害**の発生を防止するため特に必要があると認めるときは，当該端末機器は，同法の規定による表示が付されていないものとみなす。

◆ 第六十九条 4（端末設備の接続の検査）　重要度：★ ★ ★

第六十九条4は，次のとおりです。

電気通信事業者の電気通信回線設備と端末設備との接続の検査に従事する者は，端末設備の設置の場所に立ち入るときは，その身分を示す**証明書**を携帯し，関係人に提示しなければならない。

◆ 第七十条　一　（自営電気通信設備の接続）

第七十条　一は，次のとおりです。

電気通信事業者は，**電気通信回線設備**を設置する電気通信事業者以外の者からその電気通信設備（以下「自営電気通信設備」という。）をその**電気通信回線設備**に接続すべき旨の請求を受けたとき，その自営電気通信設備の接続が，総務省令で定める技術基準に適合しないとき，その請求を拒むことができる。

練習問題

問い1	答え
電気通信事業法又は電気通信事業法施行規則に規定する用語について述べた次の文章のうち，誤っているものは， ☐ である。	①電気通信設備とは，電気通信を行うための機械，器具，線路その他の電気的設備をいう。 ②端末設備とは，電気通信回線設備の一端に接続される電気通信設備であって，一の部分の設置の場所が他の部分の設置の場所と同一の構内（これに準ずる区域内を含む。）又は同一の建物内であるものをいう。 ③端末系伝送路設備とは，端末設備又は事業用電気通信設備と接続される伝送路設備をいう。 R1-2-法規-問1(1)

解説

①正しい。本文の「用語の定義」の「◆電気通信事業法　第二条（定義）」を参照してください。

②正しい。本文の「用語の定義」の「◆定義で使用される用語の説明」を参照してください。

③誤り。端末系伝送路設備とは，自営電気通信設備と接続される伝送路設備であり，事業用電気通信設備ではありません。本文の「用語の定義」の「◆その他の用語」と「◆用語の確認」を参照してください。

【解答：③】

類似問題 〉 H27-1-法規-問1(1)

問い2	答え
電気通信事業法又は電気通信事業法施行規則に規定する用語について述べた次の文章のうち，正しいものは，☐である。	①電気通信回線設備とは，送信の場所と受信の場所との間を接続する伝送路設備及びこれと一体として設置される交換設備並びにこれらの附属設備をいう。 ②音声伝送役務とは，おおむね3キロヘルツ帯域の音声その他の音響を伝送交換する機能を有する電気通信設備を他人の通信の用に供する電気通信役務であってデータ伝送役務を含むものをいう。 ③データ伝送役務とは，音声その他の音響を伝送交換するための電気通信設備を他人の通信の用に供する電気通信役務をいう。 H31-1-法規-問1（1）

解説

①正しい。本文の「用語の定義」の「◆その他の用語」を参照してください。

②誤り。3kHz帯域でなく，4kHz帯域です。データ伝送役務は含みません。本文の「用語の定義」の「◆電気通信事業法施行規則　第二条（用語）」を参照してください。

③誤り。専ら符号又は影像を伝送交換するするもので，音声その他の音響を伝送交換しません。本文の「用語の定義」の「◆電気通信事業法施行規則　第二条（用語）」を参照してください。

【解答：①】

類似問題　H30-1-法規-問1（1），H29-1-法規-問1（1），H28-1-法規-問1（1），H27-2-法規-問1（1）

問い3	答え
電気通信事業法又は電気通信事業法施行規則に規定する用語について述べた次の文章のうち，<u>誤っているもの</u>は，　　　である。	①**専用役務**とは，特定の者に電気通信設備を専用させる電気通信役務をいう。 ②**端末設備**とは，電気通信回線設備の一端に接続される電気通信設備であって，一の部分の設置の場所が他の部分の設置の場所と同一の構内（これに準ずる区域内を含む。）又は同一の建物内であるものをいう。 ③**電気通信役務**とは，電気通信設備を用いて他人の通信を媒介し，その他電気通信設備を特定の者の専用の用に供することをいう。 <div align="right">H30-2-法規-問1(1)</div>

解説

①正しい。本文の「用語の定義」の「◆電気通信事業法施行規則　第二条（用語）」を参照してください。

②正しい。本文の「用語の定義」の「◆定義で使用される用語の説明」を参照してください。

③誤り。電気通信設備を他人の通信の用に供するものであり，特定の者の専用の用に供しません。本文の「用語の定義」の「◆電気通信事業法　第二条（定義）」と「◆用語の確認」を参照してください。

【解答：③】

類似問題　R3-1-法規-問1(1)，H29-2-法規-問1(1)，H28-1-法規-問1(1)

問い4	答え
電気通信事業法に規定する電気通信設備とは，電気通信を行うための機械，器具，線路その他の □□□□□ 設備をいう。 H30-2-法規-問1(4)	①機械的 ②電気的 ③業務用

解説

本文の「用語の定義」の「◆電気通信事業法　第二条（定義）」を参照してください。

【解答：②】

問い5	答え
電気通信回線設備とは，送信の場所と受信の場所との間を接続する伝送路設備及びこれと一体として設置される □□□□□ 設備並びにこれらの附属設備をいう。 H27-2-法規-問1(5)	①端末 ②交換 ③線路

解説

本文の「用語の定義」の「◆その他の用語」を参照してください。

【解答：②】

問い6	答え
電気通信事業法は，電気通信事業の公共性にかんがみ，その運営を適正かつ合理的なものとするとともに，その公正な競争を促進することにより，電気通信役務の円滑な提供を確保するとともにその利用者の 　　　　 を保護し，もって電気通信の健全な発達及び国民の利便の確保を図り，公共の福祉を増進することを目的とする。	①秘密 ②利益 ③安全 R3-1-法規-問1（4）

解説

本文の「電気通信事業法　総則」の「◆第一条（目的）」を参照してください。

【解答：②】

類似問題　H27-1-法規-問1（3）

問い7	答え
電気通信事業法に規定する「利用の公平」，「秘密の保護」又は「検閲の禁止」について述べた次の文章のうち，正しいものは，　　　　 である。	①電気通信事業者は，電気通信役務の提供について，不当な差別的取扱いをしてはならない。 ②電気通信事業に従事する者は，在職中電気通信事業者の取扱中に係る通信に関して知り得た人命に関する情報は，警察機関等に通知し，これを秘匿しなければならない。その職を退いた後においても，同様とする。 ③電気通信事業者の取扱中に係る通信は，犯罪捜査に必要であると総務大臣が認めた場合を除き，検閲してはならない。 R1-2-法規-問1（2）

解説

①正しい。本文の「電気通信事業法　総則」の「◆第六条（利用の公平）」を参照してください。

②誤り。取扱中に知り得た他人の秘密を守らなければならず，人命に関する情報も警察機関へ通知しません。本文の「電気通信事業法　総則」の「◆第四条（秘密の保護）」と「◆条項の確認」を参照してください。

③誤り。取扱に係る通信は，検閲してはなりません。犯罪捜査に必要であると総務大臣が認める場合はありません。本文の「電気通信事業法　総則」の「◆第三条（検閲の禁止）」と「◆条項の確認」を参照してください。

【解答：①】

類似問題　R3-1-法規-問1（2），H30-1-法規-問1（2），H29-1-法規-問1（2），H28-1-法規-問1（2），H27-2-法規-問1（3）

問い8	答え
電気通信事業者は，天災，事変その他の非常事態が発生し，又は発生するおそれがあるときは，災害の予防若しくは救援，交通，通信若しくは電力の供給の確保又は秩序の維持のために必要な事項を内容とする通信を優先的に取り扱わなければならない。 ☐ のため緊急に行うことを要するその他の通信であって総務省令で定めるものについても，同様とする。	①人命の救助 ②利用者の利益の保護 ③公共の利益 R2-2-法規-問1（5）

解説

本文の「電気通信事業法　総則」の「◆第八条（重要通信の確保）」を参照してください。

【解答：③】

類似問題　H30-2-法規-問1（5）

問い9	答え
総務大臣は，電気通信事業者が特定の者に対し不当な差別的取扱いを行っていると認めるときは，当該電気通信事業者に対し，利用者の利益又は _____ を確保するために必要な限度において，業務の方法の改善その他の措置をとるべきことを命ずることができる。	①国民の利便 ②社会の秩序 ③公共の利益 H31-1-法-問1 (5)

解説

　本文の「電気通信事業法　電気通信事業」の「◆第二十九条　二（業務の改善命令）」を参照してください。

【解答：③】

類似問題　H28-2-法規-問1 (5)

問い10	答え
電気通信事業者は，利用者から端末設備をその電気通信回線設備（その損壊又は故障等による利用者の利益に及ぼす影響が軽微なものとして総務省令で定めるものを除く。）に接続すべき旨の請求を受けたときは，その接続が総務省令で定める _____ に適合しない場合その他総務省令で定める場合を除き，その請求を拒むことができない。	①管理規程 ②技術基準 ③検査規格 R2-2-法規-問1 (2)

解説

　本文の「電気通信事業法　電気通信事業」の「◆第五十二条（端末設備の接続の技術基準）」を参照してください。

【解答：②】

問い11	答え
登録認定機関による技術基準適合認定を受けた端末機器であって電気通信事業法の規定により表示が付されているものが総務省令で定める技術基準に適合していない場合において，総務大臣が電気通信回線設備を利用する他の利用者の□□□□□□の発生を防止するため特に必要があると認めるときは，当該端末機器は，同法の規定による表示が付されていないものとみなす。	①電気通信設備への損傷 ②通信への妨害 ③端末設備との間で鳴音 R1-2-法規-問1(4)

解説

本文の「電気通信事業法　電気通信事業」の「◆第五十五条（表示が付されていないものとみなす場合）」を参照してください。

【解答：②】

問い12	答え
電気通信事業法の「端末設備の接続の検査」において，電気通信事業者の電気通信回線設備と端末設備との接続の検査に従事する者は，端末設備の設置の場所に立ち入るときは，その身分を示す□□□□□□を携帯し，関係人に提示しなければならないと規定されている。	①免許証 ②認定証 ③証明書 R2-2-法規-問1(4)

解説

本文の「電気通信事業法　電気通信事業」の「◆第六十九条4（端末設備の接続の検査）」を参照してください。

【解答：③】

問い13	答え
電気通信事業者は，電気通信回線設備を設置する電気通信事業者以外の者からその電気通信設備（端末設備以外のものに限る。以下「自営電気通信設備」という。）をその電気通信回線設備に接続すべき旨の請求を受けたとき，その自営電気通信設備の接続が，総務省令で定める技術基準に適合しないときは，その □□□□ ことができる。 R1-2-法規-問1(5)	①設備を検査する ②仕様の改善を指示する ③請求を拒む

解説

本文の「電気通信事業法　電気通信事業」の「◆第七十条　―　（自営電気通信設備の接続）」を参照してください。

【解答：③】

類似問題　H30-1-法規-問1(4)

No. 02 | 有線電気通信法

これだけは覚えよう！

有線電気通信法

☑ 有線電気通信に関する秩序を確立する。

☑ 有線電気通信設備を設置しようとする者は，有線電気通信の方式の別，設備の設置の場所及び設備の概要を記載した書類を添えて，設置の工事の開始の日の2週間前まで（工事を要しないときは，設置の日から2週間以内）に，その旨を総務大臣に届け出なければならない。

☑ 有線電気通信設備は，他人の設置する有線電気通信設備に妨害を与えないこと。

☑ 有線電気通信設備は，人体に危害を及ぼし，物件に損傷を与えないこと。

☑ 総務大臣は，有線電気通信設備を設置した者からその設備に関する報告を徴すことができる。

有線電気通信設備令

☑ 電線は，有線電気通信を行うための導体であって，強電流電線に重畳される通信回線に係るもの以外のもの。

☑ ケーブルは，光ファイバ並びに光ファイバ以外の絶縁物及び保護物で被覆されている電線。

☑ 支持物は，電柱，支線，つり線その他電線又は強電流電線を支持するための工作物。

☑ 音声周波は，周波数が200〔Hz〕を超え，3,500〔Hz〕以下の電磁波。

☑ 高周波は，周波数が3,500〔Hz〕を超える電磁波。

→ 有線電気通信法

◆ 有線電気通信　　　　　　　　重要度：★☆☆

　有線電気通信とは，送受信を電線や光ファイバなどの有線で行う通信で，有線電気通信設備は，そのための設備です。有線電気通信法は，有線電気通信設備の設置及び使用の届出，設備間の妨害，人体・物件に対する危害・損傷の防止などを定めています。

◆ 第一条（目的）　　　　　　　　重要度：★★★

　第一条は，次のとおりです。
　この法律は，有線電気通信設備の設置及び**使用**を規律し，有線電気通信に関する**秩序を確立**することによって，公共の福祉の増進に寄与することを目的とする。

◆ 第二条（定義）　　　　　　　　重要度：★☆☆

　第二条では，次の2つを定義しています。
・有線電気通信：送信の場所と受信の場所との間の線条その他の導体を利用して，電磁的方式により，符号，音響又は影像を送り，伝え，又は受けること
・有線電気通信設備：有線電気通信を行うための機械，器具，線路その他の電気的設備（無線通信用の有線連絡線を含む。）

◆ 第三条（有線電気通信設備の届出）　　重要度：★★☆

　第三条は，次のとおりです。
　有線電気通信設備（その設置について総務大臣に届ける必要のないものを除く。）を設置しようとする者は，有線電気通信の**方式の別**，**設備の設置の場所**及び**設備の概要**を記載した書類を添えて，設置の工事の開始の日の2週間前まで（工事を要しないときは，設置の日から2週間以内）に，その旨を総務大臣に届け出なければならない。

◆ 第五条（技術基準）　　　　　　重要度：★★★

　第五条は，次のとおりです。
　有線電気通信設備（政令で定めるものを除く。）の技術基準により確保される事項と

して次の2つがある。

・有線電気通信設備は，他人の設置する有線電気通信設備に**妨害を与えない**ようにすること。

・有線電気通信設備は，人体に危害を及ぼし，又は**物件に損傷を与えない**ようにすること。

◆第六条（設備の検査等）　　　重要度：★★☆

第六条は，次のとおりです。

総務大臣は，有線電気通信法の施行に必要な限度において，有線電気通信設備を**設置した者**からその設備に関する報告を徴し，又はその職員に，その事務所，営業所，工場若しくは事業場に立ち入り，その設備若しくは帳簿書類を検査させることができる。

◆第八条（非常事態における通信の確保）　　重要度：★☆☆

第八条は，次のとおりです。

総務大臣は，天災，事変その他の非常事態が発生し，又は発生するおそれがあるときは，有線電気通信設備を設置した者に対し，災害の予防若しくは救援，交通，通信若しくは電力の供給の確保若しくは秩序の維持のために必要な通信を行い，又はこれらの通信を行うためその有線電気通信設備を他の者に使用させ，若しくはこれを他の有線電気通信設備に接続すべきことを命ずることができる。

◆有線電気通信法の確認　　　重要度：★☆☆

出題された有線電気通信法の説明において，誤りとして記述されやすい部分を正誤で示します。

・第一条（目的）

誤：有線電気通信に関する**役務を提供**することによって，公共の福祉の増進に

正：有線電気通信に関する**秩序を確立**することによって，公共の福祉の増進に

・第五条（技術基準）

誤：有線電気通信設備は，**重要通信に付される識別符号を判別**できるようにする

正：「◆第五条（技術基準）」に示した2つだけです

⊙ 有線電気通信設備令

◆ 定義で使用される用語の説明　　　　重要度：★★★

　　定義の説明に含まれている特別な用語は，次のとおりです。
絶縁物：電線を被覆することで絶縁する
保護物：ケーブルの最も外側の被覆で，絶縁物をさらに保護する。
弱電流電気：電信，電話等の用に供される低電圧微少電流のもの
強電流電気：電力系統のことで，弱電流電気以外のもの。
つり線：電線に強度を持たすために吊るためのワイヤ
工作物：土地に固定した人工物

◆ 第一条（定義）　　　　　　　　　重要度：★★★

　　定義されている用語は，次のとおりです。
・電線：有線電気通信を行うための導体（絶縁物又は保護物で被覆されている場合は，これらの物を含む。）であって，強電流電線に重畳される通信回線に係るもの**以外のもの**
・絶縁電線：**絶縁物のみ**で被覆されている電線
・ケーブル：**光ファイバ**並びに光ファイバ以外の絶縁物及び保護物で被覆されている電線
・強電流電線：強電流電気の伝送を行うための導体（絶縁物又は保護物で被覆されている場合は，これらの物を含む）。
・線路：送信の場所と受信の場所との間に設置されている電線及びこれに係る中継器その他の機器（これらを支持し，又は保蔵するための工作物を含む。）
・支持物：電柱，支線，つり線その他電線又は**強電流電線**を支持するための工作物
・離隔距離：線路と他の物体（線路を含む。）とが気象条件による位置の変化により最も接近した場合におけるこれらの物の間の距離
・音声周波：周波数が **200**〔Hz〕を超え，**3,500**〔Hz〕以下の電磁波
・高周波：周波数が **3,500**〔Hz〕を超える電磁波
・絶対レベル：一の皮相電力の１〔mW〕に対する比をデシベルで表わしたもの
・平衡度：通信回線の中性点と大地との間に起電力を加えた場合におけるこれらの間に生ずる電圧と通信回線の端子間に生ずる電圧との比をデシベルで表わしたもの
　　平衡度の補足説明
　　電線による１本の通信回線は２本の電線からなります。平衡度は，この２本の電線

の電気的なバラツキの少なさを表します。

◆ 用語の確認

　出題された用語の説明において，誤りとして記述されやすい部分を正誤で示します。

・電線
　誤：強電流電線に重畳される通信回線に係るもの**を含む**
　正：強電流電線に重畳される通信回線に係るもの**以外のもの**

・絶縁電線
　誤：絶縁物**又は保護物**で被覆されている電線
　正：絶縁物**のみ**で被覆されている電線

・ケーブル
　誤：**絶縁物のみで被覆されている光ファイバ以外**の電線
　正：**光ファイバ**並びに光ファイバ以外の**絶縁物及び保護物で被覆**

・支持物：
　誤：電柱，支線，つり線その他電線又は**事業用電気通信設備**を支持する
　正：電柱，支線，つり線その他電線又は**強電流電線**を支持する

・音声周波
　誤：周波数が**250**〔Hz〕を超え，**4,500**〔Hz〕以下の電磁波
　正：周波数が**200**〔Hz〕を超え，**3,500**〔Hz〕以下の電磁波

・高周波
　誤：周波数が**4,500**〔Hz〕を超える電磁波
　正：周波数が**3,500**〔Hz〕を超える電磁波

練習問題

問い1	答え
有線電気通信法は，有線電気通信設備の設置及び使用を規律し，有線電気通信に関する _____ することによって，公共の福祉の増進に寄与することを目的とする。	①競争を促進 ②秩序を確立 ③規格を統一 R2-2-法規-問2(3)

解説

本文「有線電気通信法」の「◆第一条（目的）」を参照してください。

【解答：②】

類似問題　H29-1-法規-問2(3)，H24-1-法規-問2(3)，H21-2-法規-問2(3)

問い2	答え
有線電気通信法の「有線電気通信設備の届出」において，有線電気通信設備（その設置について総務大臣に届け出る必要のないものを除く。）を設置しようとする者は，有線電気通信の方式の別，設備の設置の場所及び設備の概要を記載した書類を添えて，設置の工事の開始の日の _____ まで（工事を要しないときは，設置の日から _____ 以内）に，その旨を総務大臣に届け出なければならないと規定されている。	①10日 ②2週間 ③30日 H31-1-法規-問2(3)

解説

本文「有線電気通信法」の「◆第三条（有線電気通信設備の届出）」を参照してください。

【解答：②】

類似問題　H28-2-法規-問2(3)，H25-1-法規-問2(3)，H21-1-法規-問2(3)

問い3	答え
有線電気通信法の「技術基準」において，有線電気通信設備（政令で定めるものを除く。）の技術基準により確保されるべき事項の一つとして，有線電気通信設備は，人体に危害を及ぼし，又は □ ようにすることが規定されている。	①通信の秘密を侵さない ②物件に損傷を与えない ③利用者の利益を阻害しない R1-2-法規-問2(3)

解説

本文「有線電気通信法」の「◆第五条（技術基準）」を参照してください。

【解答：②】

類似問題 H28-1-法規-問2(3)，H25-2-法規-問2(3)，H24-2-法規-問2(3)

問い4	答え
総務大臣は，有線電気通信法の施行に必要な限度において，有線電気通信設備を □ からその設備に関する報告を徴し，又はその職員に，その事務所，営業所，工場若しくは事業場に立ち入り，その設備若しくは帳簿書類を検査させることができる。	①設置した者 ②管理する者 ③運用する者 H30-1-法-問2(3)

解説

本文「有線電気通信法」の「◆第六条（設備の検査等）」を参照してください。

【解答：①】

問い5	答え
有線電気通信法に規定する「目的」又は「技術基準」について述べた次の文章のうち，正しいものは， ☐ である。	①有線電気通信法は，有線電気通信設備の設置及び態様を規律し，有線電気通信に関する役務を提供することによって，公共の福祉の増進に寄与することを目的とする。 ②有線電気通信設備（政令で定めるものを除く。）の技術基準により確保されるべき事項の一つとして，有線電気通信設備は，他人の設置する有線電気通信設備に妨害を与えないようにすることがある。 ③有線電気通信設備（政令で定めるものを除く。）の技術基準により確保されるべき事項の一つとして，有線電気通信設備は，重要通信に付される識別符号を判別できるようにすることがある。 H29-1-法規-問2（3）

解説

①誤り。「態様を規律し，」ではなく「使用を規律し，」です。「役務を提供する」ではなく「秩序を確立する」です。本文「有線電気通信法」の「◆第一条（目的）」を参照してください。

②正しい。本文「有線電気通信法」の「◆第五条（技術基準）」を参照してください。

③誤り。「重要通信に付される識別符号を判別できるようにする」ことは含まれません。本文「有線電気通信法」の「◆第五条（技術基準）」を参照してください。

【解答：②】

類似問題 ▷ H25-2-法規-問2（3），H24-2-法規-問2（3）

問い6	答え
有線電気通信設備令に規定する用語について述べた次の文章のうち，正しいものは，　　　　　　である。	①ケーブルとは，光ファイバ並びに光ファイバ以外の絶縁物及び保護物で被覆されている電線をいう。 ②絶縁電線とは，絶縁物及び保護物で被覆されている電線をいう。 ③電線とは，有線電気通信を行うための導体（絶縁物又は保護物で被覆されている場合は，これらの物を含む。）をいい，強電流電線に重畳される通信回線に係るものを含む。 R3-1-法規-問2(4)

解説

①正しい。本文「有線電気通信設備令」の「◆第一条（定義）」を参照してください。

②誤り。絶縁電線は，「絶縁物及び保護物」でなく，「絶縁物のみ」で被覆されている電線です。本文「有線電気通信設備令」の「◆第一条（定義）」を参照してください。

③誤り。電線は，強電流電線に重畳される通信回線に係るもの「を含む」ではなく，「以外のもの」です。本文「有線電気通信設備令」の「◆第一条（定義）」を参照してください。

【解答：①】

類似問題　R2-2-法規-問2(4)，R1-2-法規-問2(4)，H30-2-法規-問2(4)，H30-1-法規-問2(4)
H29-2-法規-問2(4)，H29-1-法規-問2(4)，H28-2-法規-問2(4)，H27-1-法規-問2(4)

問い7	答え
有線電気通信設備令に規定する用語について述べた次の文章のうち，誤っているものは，◻︎である。	①平衡度とは，通信回線の中性点と大地との間に起電力を加えた場合におけるこれらの間に生ずる電圧と通信回線の端子間に生ずる電圧との比をデシベルで表わしたものをいう。 ②高周波とは，周波数が4,500ヘルツを超える電磁波をいう。 ③絶縁電線とは，絶縁物のみで被覆されている電線をいう。 H31-1-法規-問2(4)

解説

①正しい。本文「有線電気通信設備令」の「◆第一条（定義）」を参照してください。

②誤り。高周波とは，周波数が「4,500〔Hz〕」でなく，「3,500〔Hz〕」を超える電磁波です。本文「有線電気通信設備令」の「◆第一条（定義）」を参照してください。

③正しい。本文「有線電気通信設備令」の「◆第一条（定義）」を参照してください。

【解答：②】

類似問題 前問と同じ。

問い8	答え
有線電気通信設備令に規定する用語について述べた次の文章のうち，誤っているものは，□□□□である。	①線路とは，送信の場所と受信の場所との間に設置されている電線及びこれに係る中継器その他の機器（これらを支持し，又は保蔵するための工作物を含む。）をいう。 ②支持物とは，電柱，支線，つり線その他電線又は強電流電線を支持するための工作物をいう。 ③音声周波とは，周波数が250ヘルツを超え，4,500ヘルツ以下の電磁波をいう。 H27-2-法問2(4)

解説

①正しい。本文「有線電気通信設備令」の「◆第一条（定義）」を参照してください。

②正しい。本文「有線電気通信設備令」の「◆第一条（定義）」を参照してください。

③誤り。音声周波とは，周波数が「250〔Hz〕を超え」でなく「200〔Hz〕を超え」であり，「4,500〔Hz〕以下」でなく「3,500〔Hz〕以下」の電磁波です。本文「有線電気設備令」の「◆第一条（定義）」を参照してください。

【解答：③】

類似問題　前問と同じ。

これだけは覚えよう！

端末設備等規則　第二条（定義）

- ☑ 電話用設備は，主として音声の伝送交換を目的とする電気通信役務の用に供する。
- ☑ アナログ電話用設備は，端末設備，自営電気通信設備の接続点でアナログ信号。
- ☑ インターネットプロトコル移動電話用設備は，移動電話用設備である。
- ☑ 選択信号は，主として相手の端末設備を指定するために使用する信号。
- ☑ 直流回路は，電気通信事業者の交換設備の動作の開始及び終了の制御を行う。
- ☑ 絶対レベルは，一の皮相電力の1ミリワットに対する比をデシベルで表す。
- ☑ 通話チャネルは，移動電話用設備と端末間で，音声の伝送に使用する通信路。
- ☑ 通話/制御チャネルを使用する端末は，移動電話とインターネットプロトコル移動電話。

端末機器の技術基準適合認定の表示

- ☑ 表1の記号A，D，E，Fと端末機器の接続先の対応を答えられる。

責任の分界，安全性等

- ☑ 端末設備は，責任の分界を明確にするため，分界点を有すること。
- ☑ 分界点にて，端末設備を電気通信回線ごとに容易に切り離せること。
- ☑ 端末設備は，事業用電気通信設備の漏洩内容を識別する機能を有しないこと。
- ☑ 鳴音は，電気的又は音響的結合により生ずる発振状態をいう。
- ☑ 機器の使用電圧に応じて，表2の赤字を答えられる。
- ☑ 端末設備の機器の金属製の台及び筐体は，接地抵抗を100〔Ω〕以下にする。
- ☑ 通話機能を有する端末設備は，通話中に受話器から過大な音

響衝撃が発生することを防止する機能を持つこと。

☑ 評価雑音電力は，人間の聴覚率を考慮した実効的雑音電力をいい，誘導を含む。

☑ 配線設備等の評価雑音電力は，定常時に-64〔dB〕以下，最大時に-58〔dB〕以下。

☑ 配線設備等の絶縁抵抗は，直流200〔V〕以上で測定し，1〔MΩ〕以上。

☑ 識別符号は，端末の無線設備を識別する符号で，通信路の設定時に照合される。

☑ 電波を使用する端末は，電波の周波数が空き状態かを判定し，空き状態のみ通信路を設定する。

☑ 無線設備は，一の筐体に収められ，容易に開けることができないこと。

➡ 端末設備等規則　第二条（定義）

◆ 定義で使用される用語の説明　　　　　重要度：★☆☆

定義の説明に含まれている特別な用語は，次のとおりです。

・2線式：1本の電話回線を2本の電線で双方向通話をする方式
・自営電気通信設備：利用者が設置する構内交換機などの通信設備
・移動電話：携帯電話などのこと
・インターネットプロトコル電話：IP電話のこと
・無線呼出端末：ポケットベルなどのこと。
・総合デジタル通信：デジタル化した公衆通信網で，ISDN（Integrated Services Digital Network）のこと
・64〔kbps〕：電話交換システムでの音声1チャネルの基本速度（8〔bit〕× 8〔kHz〕）
・専用通信回線：通信業者から借りるなどによる，利用者専用の通信回線
・呼（Call）：電話での通話

◆ 電話，移動電話の定義　　　　　重要度：★★★

この規則で使われる電話，移動電話の用語と意味は次のとおりです。

・電話用設備：電気通信事業の用に供する電気通信回線設備であって，主として音声

の伝送交換を目的とする電気通信役務の用に供する。

- アナログ電話用設備：電話用設備であって，端末設備又は**自営**電気通信設備を接続する点において**アナログ**信号を入出力とする。
- アナログ電話端末：端末設備であって，アナログ電話用設備に接続される点において**2線**式の接続形式で接続される。

- 移動電話用設備：電話用設備であって，**端末**設備又は**自営**電気通信設備との接続において電波を使用する。
- 移動電話端末：端末設備であって，移動電話用設備（インターネットプロトコル移動電話用設備を除く。）に接続される。

- インターネットプロトコル電話用設備：電話用設備（固定電話番号を使用した音声伝送用に限る。）であって，端末設備又は自営電気通信設備との接続においてインターネットプロトコルを使用する。
- インターネットプロトコル電話端末：端末設備であって，**インターネットプロトコル電話用**設備に接続される。

- インターネットプロトコル移動電話用設備：**移動電話**用設備（音声伝送携帯電話番号を使用した音声伝送用に限る。）であって，端末設備又は自営電気通信設備との接続においてインターネットプロトコルを使用する。
- インターネットプロトコル移動電話端末：端末設備であって，インターネットプロトコル移動電話用設備に接続される。

◆ その他の通信設備と端末 　　　　　　　重要度：★★★

この規則で使われる電話以外の通信設備・端末の用語と意味は次のとおりです。
- 無線呼出用設備：電気通信事業の用に供する電気通信回線設備であって，無線によって利用者に対する呼出し（これに付随する通報を含む。）を行うことを目的とする電気通信役務の用に供する
- 無線呼出端末：端末設備であって，無線呼出用設備に接続される

- 総合デジタル通信用設備：電気通信事業の用に供する電気通信回線設備であって，主として**64**〔kbps〕を単位とするデジタル信号の伝送速度により，符号，音声その他の音響又は影像を統合して伝送交換することを目的とする電気通信役務の用に供する。
- 総合デジタル通信端末：端末設備であって，**総合デジタル通信**用設備に接続され

る。

◆ 専用通信回線設備と端末 重要度：★★★

この規則で使われる専用回線設備・端末の用語と意味は次のとおりです。
・専用通信回線設備：電気通信事業の用に供する電気通信回線設備であって，**特定の**利用者に当該設備を専用させる電気通信役務の用に供するものをいう。
・デジタルデータ伝送用設備：電気通信事業の用に供する電気通信回線設備であって，**デジタル**方式により，専ら**符号**又は**影像**の伝送交換を目的とする電気通信役務の用に供する。
・専用通信回線設備等端末：端末設備であって，専用通信回線設備又はデジタルデータ伝送用設備に接続される。

◆ 電話の機能 重要度：★★★

電話における機能，性能の用語と意味は次のとおりです。
・発信：通信を行う相手を呼び出すための**動作**
・応答：電気通信回線からの**呼出し**に応ずるための動作
・選択信号：主として相手の**端末設備を指定**するために使用する信号
・**直流回路**：端末設備又は自営電気通信設備を接続する点において2線式の接続形式を有するアナログ電話用設備に接続して電気通信事業者の**交換**設備の動作の開始及び終了の**制御**を行うための回路で，発信又は応答を行うとき閉じ、通信が終了したとき開く
・絶対レベル：一の**皮相**電力の1ミリワットに対する比をデシベルで表したもの

◆ 移動電話の機能 重要度：★★★

移動電話端末，インターネットプロトコル移動電話の機能の用語と意味は次のとおりです。
・通話チャネル：**移動電話用設備と移動電話端末又はインターネットプロトコル移動**電話端末の間に設定され，主として**音声の伝送**に使用する通信路
・制御チャネル：移動電話用設備と**移動**電話端末又は**インターネットプロトコル移動**電話端末の間に設定され，主として**制御**信号の伝送に使用する通信路
・呼設定用メッセージ：呼設定メッセージ又は応答メッセージ
・呼切断用メッセージ：切断メッセージ，解放メッセージ又は解放完了メッセージ

→ 端末機器の技術基準適合認定の表示

◆ 技術基準適合認定　　　　　　　　　　　　重要度：★ ★ ★

　技術基準適合認定は，端末機器が電気通信事業法の技術基準に適合していることを認定する制度です。認定を受けた端末の機種ごとに技術基準適合認定番号を付与されます。

◆ 技術基準適合認定番号　　　　　　　　　　重要度：★★★

　技術基準適合認定番号は，「端末機器の技術基準適合認定等に関する規則（様式第7号）」で定められており，端末機器の用途によって技術基準適合認定番号の最初の記号が表1のように定められています。赤字の記号と機器名の対応を覚えてください。

表1：技術基準適合認定番号の最初の記号

記号	端末機器の接続先
A	移動電話用設備，アナログ電話用設備
B	無線呼出用設備
C	総合デジタル通信用設備
D	デジタルデータ伝送用設備，専用通信回線設備
E	インターネットプロトコル電話用設備
F	インターネットプロトコル移動電話用設備

→ 責任の分界，安全性等

◆ 第三条（責任の分界）　　　　　　　　　　重要度：★★★

　第三条は，次の2つがあります。
・利用者の接続する端末設備は，事業用電気通信設備との責任の分界を明確にするため，事業用電気通信設備との間に分界点を有しなければならない。
・分界点における接続の方式は，利用者の接続する端末設備を電気通信回線ごとに事

業用電気通信設備から容易に**切り離せる**ものでなければならない。

◆ 第四条（漏洩する通信の識別禁止）　重要度：★★☆

第四条は，次のとおりです。
・端末設備は，**事業用**電気通信設備から漏洩する通信の内容を意図的に**識別**する機能を有してはならない。

◆ 第五条（鳴音の発生防止）　重要度：★★★

「鳴音」とはハウリングともいい，マイクをスピーカに近づけたときにも生じます。第五条は，次のとおりです。
・端末設備は，事業用電気通信設備との間で**鳴音**（電気的又は音響的結合により生ずる**発振状態**をいう。）を発生することを防止するために総務大臣が別に告示する条件を満たすものでなければならない。

◆ 第六条（絶縁抵抗等）　重要度：★★★

第六条は，端末設備の機器が使用する電圧に応じた絶縁抵抗等を規定します。
規定する絶縁抵抗，絶縁耐力の区間は次の2つです。
・電源回路と筐体（外側のケース）
・電源回路と事業用電気通信設備
必要な絶縁抵抗等は，表2のとおりです。
規定する接地抵抗は，次のとおりです。
・端末設備の機器の金属製の台及び筐体は，接地抵抗が100〔Ω〕以下となるように接地しなければならない。ただし，安全な場所に危険のないように設置する場合にあっては，この限りでない。

表2：端末設備の機器の絶縁抵抗等

使用電圧	絶縁抵抗	絶縁耐力
300〔V〕以下	0.2〔MΩ〕以上	
DC 300〔V〕を超え750〔V〕以下 AC 300〔V〕を超え600〔V〕以下	0.4〔MΩ〕以上	
DC 750〔V〕を超える AC 600〔V〕を超える		使用電圧の1.5倍の電圧を連続して10分間加えたときにこれに耐えること。

DC：直流　　AC：交流

◆第七条（過大音響衝撃の発生防止） 重要度：★★★

第七条は，次のとおりです。

・通話機能を有する端末設備は，**通話中**に受話器から過大な**音響衝撃**が発生することを防止する機能を備えなければならない。

◆第八条（配線設備等） 重要度：★★★

「配線設備等」とは，利用者が端末設備を事業用電気通信設備に接続する際に使用する線路及び保安器その他の機器です。

「評価雑音電力」とは，通信回線が受ける妨害であって人間の聴覚率を考慮して定められる**実効的雑音電力**をいい，**誘導**によるものを含みます。

第八条は，次が含まれます。

・配線設備等の評価雑音電力は，絶対レベルで表した値で定常時において-64〔dB〕以下であり，かつ，最大時において-58〔dB〕以下であること。

・配線設備等の電線相互間及び電線と大地間の絶縁抵抗は，直流200〔V〕以上の一の電圧で測定した値で1〔MΩ〕以上であること。

・配線設備は，**事業用**電気通信設備を損傷し，又はその機能に障害を与えないようにするため，**総務大臣**が別に**告示**するところにより配線設備等の**設置**の方法を定める場合にあっては，その方法によるものであること。

◆第九条（端末設備内において電波を使用する端末設備）

「識別符号」とは，端末設備に使用される**無線設備**を**識別**するための符号であって，通信路の設定に当たってその**照合**が行われるものをいいます。

第九条の端末設備を構成する一の部分と他の部分相互間（端末と端末を接続する設備の区間です）において**電波**を使用する端末設備に関する規定は，次のとおりです。

・**総務大臣**が別に告示する条件に適合する**識別符号**（端末設備に使用される無線設備を識別するための符号であって，通信路の設定に当たってその照合が行われるものをいう。）を有すること。

・使用する電波の**周波数**が**空き**状態であるかどうかについて，総務大臣が別に告示するところにより判定を行い，空き状態である場合にのみ**通信路**を**設定**するものであること。ただし，総務大臣が別に告示するものについては，この限りでない。

・使用される無線設備は，一の筐体（ケースのことです）に収められており，かつ，容易に**開ける**ことができないこと。ただし，総務大臣が別に告示するものについては，この限りでない。

練習問題

問い1	答え
用語について述べた次の文章のうち，<u>誤っているもの</u>は，〔　　　〕である。	①インターネットプロトコル移動電話端末とは，端末設備であって，インターネットプロトコル移動電話用設備又はデジタルデータ伝送用設備に接続されるものをいう。 ②移動電話用設備とは，電話用設備であって，端末設備又は自営電気通信設備との接続において電波を使用するものをいう。 ③デジタルデータ伝送用設備とは，電気通信事業の用に供する電気通信回線設備であって，デジタル方式により，専ら符号又は影像の伝送交換を目的とする電気通信役務の用に供するものをいう。 <div align="right">R3-1-法規-問3(1)</div>

解説

　本文「端末設備等規則　第二条（定義）」の該当の定義を参照してください。

①誤り。インターネットプロトコル移動電話端末は，「インターネットプロトコル電話用設備」のみに接続され，「デジタルデータ伝送用設備」には接続されません。

②正しい。

③正しい。

　章末問題（1）～（6）に関して，「端末設備等規則　第二条（定義）」における用語と説明の赤字，類似問題で確認してください。

【解答：①】

類似問題 R2-2-法規-問3(1)，H30-2-法規-問3(1)，H30-1-法規-問3(1)，H29-1-法規-問3(1)，H28-2-法規-問3(1)，H27-2-法規-問3(1)，H26-2-法規-問3(1)，H26-1-法規-問3(1)

問い2	答え
用語について述べた次の文章のうち，誤っているものは，_____ である。	①移動電話用設備とは，電話用設備であって，端末設備又は自営電気通信設備との接続において電波を使用するものをいう。 ②総合デジタル通信用設備とは，電気通信事業の用に供する電気通信回線設備であって，主として64キロビット毎秒を単位とするデジタル信号の伝送速度により，符号，音声その他の音響又は影像を統合して伝送交換することを目的とする電気通信役務の用に供するものをいう。 ③選択信号とは，交換設備の動作の開始を制御するために使用する信号をいう。 H31-1-法規-問3(1)

解説

本文「端末設備等規則　第二条（定義）」の該当の定義を参照してください。

①正しい。

②正しい。

③誤り。選択信号は，「相手の端末設備を指定するために使用する信号」であり，「交換設備の動作の開始を制御するために使用する信号」ではありません。

【解答：③】

類似問題　前問と同じ

問い3	答え
用語について述べた次の文章のうち，<u>誤っているもの</u>は，⬜︎である。	①移動電話用設備とは，電話用設備であって，端末設備又は自営電気通信設備との接続において電波を使用するものをいう。 ②デジタルデータ伝送用設備とは，電気通信事業の用に供する電気通信回線設備であって，デジタル方式により，専ら符号又は影像の伝送交換を目的とする電気通信役務の用に供するものをいう。 ③制御チャネルとは，移動電話用設備と移動電話端末又はインターネットプロトコル移動電話端末の間に設定され，主として音声の伝送に使用する通信路をいう。 H27-1-法規-問3（1）

解説

本文「端末設備等規則　第二条（定義）」の該当の定義を参照してください。

①正しい。

②正しい。

③誤り。制御チャネルは，「制御信号の伝送に使用する通信路」であり，「音声の伝送に使用する通信路」ではありません。

【解答：③】

類似問題 前問と同じ

問い4	答え
直流回路とは，端末設備又は自営電気通信設備を接続する点において2線式の接続形式を有するアナログ電話用設備に接続して電気通信事業者の [_____] の動作の開始及び終了の制御を行うための回路をいう。	①伝送設備 ②回線設備 ③交換設備 R1-2-法規-問3(3)

解説

本文「端末設備等規則　第二条（定義）」の「直流回路」の定義を参照してください。

【解答：③】

類似問題 R3-1-法規-問4(3)，H30-1-法規-問4(4)，H29-1-法規-問4(5)

問い5	答え
絶対レベルとは，一の [_____] に対する比をデシベルで表したものをいう。	①有効電力の1ミリワット ②有効電力の1ワット ③皮相電力の1ミリワット ④皮相電力の1ワット H31-1-法規-問4(2)

解説

本文「端末設備等規則　第二条（定義）」の「絶対レベル」の定義を参照してください。

【解答：③】

類似問題 H25-2-法規-問4(3)

問い6	答え
通話チャネルとは，移動電話用設備と移動電話端末又はインターネットプロトコル移動電話端末の間に設定され，主として [_____] に使用する通信路をいう。	①アナログ信号の入出力 ②制御信号の伝送 ③音声の伝送 H28-1-法規-問3(2)

解説

本文「端末設備等規則　第二条（定義）」の「通話チャネル」の定義を参照してください。

類似問題 H22-2-法規-問3(2)，H-20-2-法規-問4(1)，H20-1-法規-問4(1)

問い7	答え
端末機器の技術基準適合認定等に関する規則に規定する，端末機器の技術基準適合認定番号について述べた次の文章のうち，<u>誤っているもの</u>は， ⬚ である。	①総合デジタル通信用設備に接続される端末機器に表示される技術基準適合認定番号の最初の文字は，Cである。 ②専用通信回線設備に接続される端末機器に表示される技術基準適合認定番号の最初の文字は，Bである。 ③インターネットプロトコル移動電話用設備に接続される端末機器に表示される技術基準適合認定番号の最初の文字は，Fである。 <div style="text-align:right">H29-2-法規-問2(2)</div>

解説

本文「端末機器の技術基準適合認定の表示」の「表1　技術基準適合認定番号の最初の記号」を参照してください。

①正しい。

②誤り。「専用通信回線設備」に接続される端末機器の最初の文字は「D」であり，「B」ではありません。

③正しい。

【解答：②】

類似問題 H27-2-法規-問2(2)，H26-2-法規-問2(2)，H26-1-法規-問2(2)

問い8	答え
端末機器の技術基準適合認定等に関する規則において，インターネットプロトコル移動電話用設備に接続される端末機器に表示される技術基準適合認定番号の最初の文字は， ⬚ と規定されている。	①D ②E ③F <div style="text-align:right">R2-2-法規-問2(2)</div>

解説

本文「端末機器の技術基準適合認定の表示」の「表1　技術基準適合認定番号の最初

の記号」を参照してください。

【解答：③】

類似問題 R3-1-法規-問2(2)

問い9	答え
端末機器の技術基準適合認定等に関する規則において， ☐ に接続される端末機器に表示される技術基準適合認定番号の最初の文字は，Eと規定されている。	①デジタルデータ伝送用設備 ②インターネットプロトコル電話用設備 ③インターネットプロトコル移動電話用設備 <div align="right">H30-2-法規-問2(2)</div>

解説

本文「端末機器の技術基準適合認定の表示」の「表1　技術基準適合認定番号の最初の記号」を参照してください。

【解答：②】

類似問題 R1-2-法規-問2(2)，H31-1-法規-問2(2)，H30-2-法規-問2(2)

問い10	答え
責任の分界について述べた次の二つの文章は， ☐ 。 A　利用者の接続する端末設備は，事業用電気通信設備との技術的インタフェースを明確にするため，事業用電気通信設備との間に分界点を有しなければならない。 B　分界点における接続の方式は，端末設備を電気通信回線ごとに事業用電気通信設備から容易に切り離せるものでなければならない。	①Aのみ正しい ②Bのみ正しい ③AもBも正しい ④AもBも正しくない <div align="right">H31-1-法規-問3(4)</div>

解説

本文「責任の分界，安全性等」の「◆第三条（責任の分界）」を参照してください。

A　誤り。事業用電気通維設備との「技術的インタフェース」ではなく，「責任の分界」を明確にするためです。

B　正しい。

類似問題 〉 H30-2-法規-問2(2)，H29-1-法規-問3(2)

問い11	答え
端末設備は，事業用電気通信設備から漏えいする通信の内容を意図的に □□□□□ する機能を有してはならない。	① 変更 ② 照合 ③ 識別 H30-1-法規-問3(2)

解説

　本文「責任の分界，安全性等」の「◆第四条(漏洩する通信の識別禁止)」を参照してください。

【解答：③】

問い12	答え
端末設備は，事業用電気通信設備との間で □□□□□ (電気的又は音響的結合により生ずる発振状態をいう。)を発生することを防止するために総務大臣が別に告示する条件を満たすものでなければならない。	①鳴音 ②漏話 ③側音 H31-1-法規-問4(3)

解説

　本文「責任の分界，安全性等」の「◆第五条(鳴音の発生防止)」を参照してください。

【解答：①】

問い13	答え
「絶縁抵抗等」について述べた次の文章のうち，正しいものは，□□□□□である。	①端末設備の機器は，その電源回路と筐体及びその電源回路と事業用電気通信設備との間において，使用電圧が300ボルト以下の場合にあっては，0.4メガオーム以上の絶縁抵抗を有しなければならない。 ②端末設備の機器は，その電源回路と筐体及びその電源回路と事業用電気通信設備との間において，使用電圧が750ボルトを超える直流及び600ボルトを超える交流の場合にあっては，その使用電圧の2倍の電圧を連続して10分間加えたときこれに耐える絶縁耐力を有しなければならない。 ③端末設備の機器の金属製の台及び筐体は，接地抵抗が100オーム以下となるように接地しなければならない。ただし，安全な場所に危険のないように設置する場合にあっては，この限りでない。 <div align="right">R3-1-法規-問3(3)</div>

解説

　本文「責任の分界，安全性等」の「◆第六条（絶縁抵抗等）」と「表2　端末設備の機器の絶縁抵抗等」を参照してください。

①誤り。0.4〔MΩ〕ではなく，0.2〔MΩ〕です。

②誤り。2倍の電圧ではなく，1.5倍の電圧です。

③正しい。

【解答：③】

類似問題　R2-2-法規-問3(5)，R1-2-法規-問3(4)，R1-2-法規-問3(5)，H26-1-法規-問3(4)

問い14	答え
通話機能を有する端末設備は，通話中に受話器から過大な　　　　　が発生することを防止する機能を備えなければならない。	①反響音 ②誘導雑音 ③音響衝撃 H30-1-法規-問4(3)

解説

本文「責任の分界，安全性等」の「◆第七条（過大音響衝撃の発生防止）」を参照してください。

【解答：③】

類似問題　H27-1-法規-問4(3)

問い15	答え
「配線設備等」について述べた次の文章のうち，誤っているものは，　　　　　である。	①配線設備等の電線相互間及び電線と大地間の絶縁抵抗は，直流200ボルト以上の一の電圧で測定した値で1メガオーム以上でなければならない。 ②配線設備等の評価雑音電力（通信回線が受ける妨害であって人間の聴覚率を考慮して定められる実効的雑音電力をいい，誘導によるものを含む。）は，絶対レベルで表した値で定常時においてマイナス64デシベル以下であり，かつ，最大時においてマイナス58デシベル以下でなければならない。 ③事業用電気通信設備を損傷し，又はその機能に障害を与えないようにするため，電気通信事業者が別に認可するところにより配線設備等の設置の方法を定める場合にあっては，その方法によるものでなければならない。 H27-2-法規-問3(5)

解説

本文「責任の分界，安全性等」の「◆第八条（配線設備等）」を参照してください。

①正しい。

②正しい。

③誤り。「電気通信事業者」が別に「認可」するのではなく。「総務大臣」が別に「告示」
です。

　第八条（配線設備等）に関しては，穴埋め問題が多く出題されるので，本文の赤字
部分を答えられるようにしてください。

【解答：③】

類似問題 　R3-1-法規-問3(4)，R2-2-法規-問3(2)，H30-1-法規-問3(4)，H29-2-法規-問4(4)，H29-1-法規-問4(2)，H27-1-法規-問4(4)

問い16	答え
端末設備を構成する一の部分と他の部分相互間において電波を使用する端末設備は，使用する電波の周波数が空き状態であるかどうかについて，総務大臣が別に告示するところにより判定を行い，空き状態である場合にのみ　　　　　ものでなければならない。ただし，総務大臣が別に告示するものについては，この限りでない。	①直流回路を開く ②通信路を設定する ③回線を認識する H30-2-法規-問4(3)

解説

　本文「責任の分界，安全性等」の「◆第九条（端末設備内において電波を使用する端
末設備）」を参照してください。

【解答：②】

類似問題 　R3-1-法規-問3(5)，H30-2-法規-問4(3)

問い17	答え
「端末設備内において電波を使用する端末設備」について述べた次の文章のうち，正しいものは，□□□である。	①識別符号とは，端末設備に使用される無線設備を識別するための符号であって，通信路の設定に当たってその登録が行われるものをいう。 ②使用する電波の周波数が空き状態であるかどうかについて，総務大臣が別に告示するところにより判定を行い，空き状態である場合にのみ直流回路を開くものであること。ただし，総務大臣が別に告示するものについては，この限りでない。 ③使用される無線設備は，一の筐体（きょう）に収められており，かつ，容易に開けることができないこと。ただし，総務大臣が別に告示するものについては，この限りでない。 <div style="text-align:right">R2-2-法規-問3(3)</div>

解説

本文「責任の分界，安全性等」の「◆第九条（端末設備内において電波を使用する端末設備）」を参照してください。

①誤り。「登録」ではなく，「照合」です。

②誤り。「直流回路を開く」ではなく，「通信路を設定する」です。

③正しい。

【解答：③】

類似問題　R1-2-法規-問4(3)，H29-2-法規-問4(1)，H28-1-法規-問4(2)，H26-1-法規-問4(2)

問い18	答え
安全性等について述べた次の文章のうち，誤っているものは，□□□□である。	①配線設備等は，事業用電気通信設備を損傷し，又はその機能に障害を与えないようにするため，総務大臣が別に告示するところにより配線設備等の設置の方法を定める場合にあっては，その方法によるものであること。 ②端末設備を構成する一の部分と他の部分相互間において電波を使用する端末設備は，使用する電波の周波数が空き状態であるかどうかについて，総務大臣が別に告示するところにより判定を行い，空き状態である場合にのみ通信路を設定するものであること。ただし，総務大臣が別に告示するものについては，この限りでない。 ③端末設備は，事業用電気通信設備から漏えいする通信の内容を意図的に消去する機能を有してはならない。 R3-1-法規-問4(1)

解説

　本文「責任の分界，安全性等」の「◆第三条（責任の分界）」から「◆第九条（端末設備内において電波を使用する端末設備）」を参照してください。

①正しい。

②正しい。

③誤り。意図的に「消去」ではなく，「識別」です。

　端末設備等規則の第三条から第九条を組み合わせた問題が1〜2問出題されます。毎回，組合せが異なります。まとめの意味でも類似問題を確認してください。

【解答：③】

類似問題　R3-1-法規-問3(2)，R2-2-法規-問3(4)，R2-2-法規-問4(1)，R1-2-法規-問3(2)，
　　　　　H30-2-法規-問3(5)，H29-2-法規-問3(3)，H29-2-法規-問3(4)，H29-1-法規-問3(3)，
　　　　　H29-1-法規-問3(4)，H28-2-法規-問4(2)，H28-2-法規-問4(4)，H28-1-法規-問4(1)，
　　　　　H27-2-法規-問4(2)，H27-1-法規-問3(3)，H26-2-法規-問3(5)

No.
04 端末設備等規則 II

第1章
第2章
第3章
第4章

これだけは覚えよう!

アナログ電話端末

☑ 選択信号において低群周波数は, 600〜1,000〔Hz〕, 高群周波数は1,200〜1,700〔Hz〕の範囲。

☑ 選択信号において周期は信号送出時間とミニマムポーズの和。ミニマムポーズは信号休止時間の最小値。

☑ 緊急通報番号を使用した警察機関, 海上保安機関又は消防機関への通報をする機能を備える。

移動電話端末

☑ 発信時は発信を要求する信号を, 応答時は応答を確認する信号を送出する。

☑ 通信を終了する場合, チャネルを切断する信号を送出する。

☑ 応答の自動確認では, 選択信号送出終了後1分以内に切断する信号を送出する。

☑ 自動再発信の回数は2回, 最初の発信から3分を超えると別の発信。

インターネットプロトコル電話端末

☑ 応答の自動確認では, 呼設定メッセージ送出終了後2分以内に終了する。

☑ 自動再発信の回数は3分間に2回以内, 最初の発信から3分を超えると別の発信。

インターネットプロトコル移動電話端末

☑ 応答の自動確認で応答がない場合, 呼設定メッセージ送出終了後128秒以内に通信終了メッセージを送出する。

☑ 自動再発信の回数は3回以内, 最初の発信から3分を超えると別の発信。

専用通信回線設備等端末

☑ 総務大臣が別に告示する電気的条件または光学的条件に適合すること。

☑ 電気通信回線に直流の電圧を加えてはならない。

☑ 複数の電気通信回線と接続される専用通信回線設備等端末の回線相互間の漏話減衰量は, 1,500〔Hz〕において70〔dB〕以上。

→ アナログ電話端末

◆ 第十二条（選択信号の条件）　重要度：★★★

押しボタンダイヤルの信号は次のとおりです。

- ダイヤル番号の周波数は，低群周波数のうちの一つと，高群周波数のうちの一つの組合せで，信号送出時間の周期に関する規定があります。
- 低群周波数：600〔Hz〕から1,000〔Hz〕
- 高群周波数：1,200〔Hz〕から1,700〔Hz〕
- 周期：信号送出時間とミニマムポーズの和
- 信号送出時間：信号が出ている時間の最小値
- ミニマムポーズ：隣接する信号間の休止時間の最小値

◆ 第十二条の二（緊急通報機能）　重要度：★★☆

第十二条の二は，次の機能を規定しています。

- アナログ電話端末であって，通話の用に供するものは，電気通信番号規則に規定する電気通信番号を用いた警察機関，海上保安機関又は消防機関への通報を発信する機能を備えなければならない。

→ 移動電話端末

◆ 第十七条（基本的機能）　重要度：★★★

第十七条では，次の機能を規定しています。

- 発信を行う場合にあっては，発信を要求する信号を送出するものであること。
- 応答を行う場合にあっては，応答を確認する信号を送出するものであること。
- 通信を終了する場合にあっては，チャネル（通話チャネル及び制御チャネルをいう。）を切断する信号を送出するものであること。

◆ 第十八条（発信の機能）　重要度：★★★

第十八条では，次の機能を規定しています。

- 発信に際して相手の端末設備からの応答を自動的に確認する場合にあっては，電気通信回線からの応答が確認できない場合**選択信号**送出終了後**1**分以内にチャネルを切断する信号を送出し，送信を停止するものであること。
- 自動再発信を行う場合にあっては，その回数は**2回**以内であること。ただし，最初の発信から**3分**を超えた場合にあっては，別の発信とみなす。なお，この規定は，火災，盗難その他の非常の場合にあっては，適用しない。

◆ 第十九条（送信タイミング） 重要度：★★☆

第十九条は，次のとおりです。
- 総務大臣が別に告示する条件に適合する**送信タイミング**で**送信**する機能を備えなければならない。

→ インターネットプロトコル電話端末

◆ 第三十二条の二（基本的機能） 重要度：★★★

第三十二条の二では，次の機能を規定しています。
- 発信又は応答を行う場合にあっては，呼の設定を行うためのメッセージ又は当該メッセージに対応するためのメッセージを送出するものであること。
- 通信を終了する場合にあっては，呼の切断，解放若しくは取消しを行うためのメッセージ又は当該メッセージに対応するためのメッセージを送出するものであること。

◆ 第三十二条の三（発信の機能） 重要度：★★★

第三十二条の三では，次の機能を規定しています。
- 発信に際して相手の端末設備からの応答を自動的に確認する場合にあっては，電気通信回線からの応答が確認できない場合呼の設定を行うためのメッセージ送出終了後**2分**以内に通信終了メッセージを送出するものであること。
- 自動再発信を行う場合（自動再発信の回数が**15回**以内の場合を除く。）にあっては，その回数は最初の発信から**3分間**に**2回**以内であること。この場合において，最初の発信から**3分**を超えて行われる発信は，別の発信とみなす。なお，この規定は，火災，盗難その他の非常の場合にあっては，適用しない。

インターネットプロトコル移動電話端末

◆第三十二条の十（基本的機能）　　　重要度：★★★

第三十二条の十では，次の機能を規定しています。

・発信を行う場合にあっては，発信を**要求**する信号を送出するものであること。

・応答を行う場合にあっては，応答を**確認**する信号を送出するものであること。

・通信を終了する場合にあっては，**チャネルを切断**する信号を送出するものであること。

・発信又は応答を行う場合にあっては，呼の設定を行うためのメッセージ又は当該メッセージに対応するためのメッセージを送出するものであること。

・通信を終了する場合にあっては，通信終了メッセージを送出するものであること。

◆第三十二条の十一（発信の機能）　　　重要度：★★★

第三十二条の十一では，次の機能を規定しています。

・発信に際して相手の端末設備からの応答を自動的に確認する場合にあっては，電気通信回線からの応答が確認できない場合呼の設定を行うためのメッセージ送出終了後**128秒**以内に**通信終了**メッセージを送出するものであること。

・自動再発信を行う場合にあっては，その回数は**3回**以内であること。ただし，最初の発信から**3分**を超えた場合にあっては，別の発信とみなす。なお，この規定は，火災，盗難その他の非常の場合にあっては，適用しない。

◆第三十二条の十二（送信タイミング）　　　重要度：★★★

第三十二条の十二では，次の機能を規定しています。

・インターネットプロトコル移動電話端末は，総務大臣が別に告示する条件に適合する送信タイミングで送信する機能を備えなければならない。

→ 専用通信回線設備等端末

◆第三十四条の八（電気的条件等）　重要度：★★★

第三十四条の八は，次のとおりです。

・専用通信回線設備等端末は，総務大臣が別に告示する電気的条件及び**光学的条件**のいずれかの条件に適合するものでなければならない。

・専用通信回線設備等端末（光伝送路インタフェースを除く。）は，電気通信回線に対して**直流の電圧**を加えるものであってはならない。ただし，総務大臣が別に告示する条件において直流重畳が認められる場合にあっては，この限りでない。

◆第三十四条の九（漏話減衰量）　重要度：★★★

第三十四条の九は，次のとおりです。

・複数の電気通信回線と接続される専用通信回線設備等端末の回線相互間の漏話減衰量は，**1,500**〔Hz〕において**70**〔dB〕以上でなければならない。

練習問題

問い1	答え
アナログ電話端末の「選択信号の条件」における押しボタンダイヤル信号について述べた次の二つの文章は, ▢ 。 A 高群周波数は, 1,300ヘルツから1,700ヘルツまでの範囲内における特定の四つの周波数で規定されている。 B 周期とは, 信号送出時間とミニマムポーズの和をいう。	①Aのみ正しい ②Bのみ正しい ③AもBも正しい ④AもBも正しくない H31-1-法規-問4(1)

解説

　本文「アナログ電話端末」の「◆第十二条（選択信号の条件）」を参照してください。
A　誤り。高群周波数は,「1,300〔Hz〕から」ではなく,「1,200〔Hz〕から」です。
B　正しい。

【解答：②】

類似問題 R3-1-法規-問4(2), R2-2-法規-問4(2), H30-2-法規-問4(2)

問い2	答え
アナログ電話端末の「選択信号の条件」における押しボタンダイヤル信号について述べた次の文章のうち, <u>誤っているもの</u>は, ▢ である。	①ダイヤル番号の周波数は, 低群周波数のうちの一つと高群周波数のうちの一つとの組合せで規定されている。 ②低群周波数は, 600ヘルツから900ヘルツまでの範囲内における特定の四つの周波数で規定されている。 ③ミニマムポーズとは, 隣接する信号間の休止時間の最小値をいう。 H30-1-法規-問4(1)

解説

　本文「アナログ電話端末」の「◆第十二条（選択信号の条件）」を参照してください。
①正しい。
②誤り。低群周波数は,「900〔Hz〕まで」ではなく,「1,000〔Hz〕まで」です。

③正しい。

【解答：②】

類似問題　R1-2-法規-問4(2)，H29-2-法規-問4(2)

問い3	答え
アナログ電話端末であって，通話の用に供するものは，電気通信番号規則に規定する電気通信番号を用いた警察機関，　　　　機関又は消防機関への通報を発信する機能を備えなければならない。 H28-2-法規-問4(3)	①医療 ②海上保安 ③気象

解説

本文「アナログ電話端末」の「◆第十二条の二（緊急通報機能）」を参照してください。

【解答：②】

問い4	答え
移動電話端末は，発信に際して相手の端末設備からの応答を自動的に確認する場合にあっては，電気通信回線からの応答が確認できない場合　　　　後1分以内にチャネルを切断する信号を送出し，送信を停止するものでなければならない。 R1-2-法規-問4(4)	①通信路設定完了 ②選択信号送出終了 ③周波数捕捉完了

解説

本文「移動電話端末」の「◆第十八条（発信の機能）」を参照してください。

【解答：②】

問い5	答え
移動電話端末の「基本的機能」又は「発信の機能」について述べた次の文章のうち，正しいものは，□□□□である。	①発信を行う場合にあっては，発信を確認する信号を送出するものであること。 ②通信を終了する場合にあっては，チャネル（通話チャネル及び制御チャネルをいう。）を切断する信号を送出するものであること。 ③発信に際して相手の端末設備からの応答を自動的に確認する場合にあっては，電気通信回線からの応答が確認できない場合選択信号送出終了後2分以内にチャネルを切断する信号を送出し，送信を停止するものであること。 H30-2-法規-問4（4）

解説

本文「移動電話端末」の「◆第十七条（基本的機能）」と「◆第十八条（発信の機能）」を参照してください。

①誤り。「確認する信号」ではなく，「要求する信号」です。

②正しい。

③誤り。「2分以内」ではなく，「1分以内」です。

【解答：②】

類似問題 H28-2-法規-問4（1）

問い6	答え
移動電話端末の「基本的機能」又は「発信の機能」について述べた次の文章のうち，誤っているものは， _____ である。	①発信を行う場合にあっては，発信を要求する信号を送出するものであること。 ②応答を行う場合にあっては，応答を確認する信号を送出するものであること。 ③自動再発信を行う場合にあっては，その回数は3回以内であること。ただし，最初の発信から2分を超えた場合にあっては，別の発信とみなす。 なお，この規定は，火災，盗難その他の非常の場合にあっては，適用しない。 <div align="right">R2-2-法規-問4(3)</div>

解説

本文「移動電話端末」の「◆第十七条（基本的機能）」と「◆第十八条（発信の機能）」を参照してください。

①正しい。

②正しい。

③誤り。「3回以内」ではなく，「2回以内」です。さらに，「2分を超えた」ではなく，「3分を超えた」です。

【解答：③】

類似問題　H31-1-法規-問4(4)，H26-1-法規-問4(5)

問い7	答え
インターネットプロトコル電話端末の「基本的機能」及び「発信の機能」について述べた次の二つの文章は，　　　　　。 A　通信を終了する場合にあっては，呼の切断，解放若しくは取消しを行うためのメッセージ又は当該メッセージに対応するためのメッセージを送出する機能を備えなければならない。 B　発信に際して相手の端末設備からの応答を自動的に確認する場合にあっては，電気通信回線からの応答が確認できない場合呼の設定を行うためのメッセージ送出終了後2分以内に通信終了メッセージを送出するものでなければならない。	①Aのみ正しい ②Bのみ正しい ③AもBも正しい ④AもBも正しくない H25-1-法規-問3(5)

解説

本文「インターネットプロトコル電話端末」の「◆第三十二条の二（基本的機能）」と「◆第三十二条の三（発信の機能）」を参照してください。

A　正しい。

B　正しい。

【解答：③】

類似問題　H30-2-法規-問4(5)，H26-2-法規-問4(4)

問い8	答え
インターネットプロトコル電話端末の「基本的機能」又は「発信の機能」について述べた次の文章のうち，誤っているものは，□□□□である。	①発信又は応答を行う場合にあっては，呼の設定を行うためのメッセージ又は当該メッセージに対応するためのメッセージを送出するものであること。 ②通信を終了する場合にあっては，呼の切断，解放若しくは取消しを行うためのメッセージ又は当該メッセージに対応するためのメッセージを送出するものであること。 ③自動再発信を行う場合（自動再発信の回数が15回以内の場合を除く。）にあっては，その回数は最初の発信から2分間に3回以内であること。この場合において，最初の発信から2分を超えて行われる発信は，別の発信とみなす。 なお，この規定は，火災，盗難その他の非常の場合にあっては，適用しない。 R1-2-法規-問4(5)

解説

本文「インターネットプロトコル電話端末」の「◆第三十二条の二（基本的機能）」と「◆第三十二条の三（発信の機能）」を参照してください。

①正しい。

②正しい。

③誤り。「2分間に3回以内」ではなく，「3分間に2回以内」です。さらに，「2分を超えて」でなく，「3分を超えて」です。

【解答：③】

問い9	答え
インターネットプロトコル移動電話端末は，発信に際して相手の端末設備からの応答を自動的に確認する場合にあっては，電気通信回線からの応答が確認できない場合呼の設定を行うためのメッセージ送出終了後128秒以内に [ ] を送出する機能を備えなければならない。	①通信終了メッセージ ②選択信号 ③応答を確認する信号 R2-2-法規-問4(4)

解説

　本文「インターネットプロトコル移動電話端末」の「◆第三十二条の十一（発信の機能）」を参照してください。

【解答：①】

問い10	答え
インターネットプロトコル移動電話端末の「発信の機能」又は「送信タイミング」について述べた次の文章のうち，誤っているものは，[ ] である。	①発信に際して相手の端末設備からの応答を自動的に確認する場合にあっては，電気通信回線からの応答が確認できない場合呼の設定を行うためのメッセージ送出終了後128秒以内に通信終了メッセージを送出するものであること。 ②自動再発信を行う場合にあっては，その回数は5回以内であること。ただし，最初の発信から3分を超えた場合にあっては，別の発信とみなす。 　なお，この規定は，火災，盗難その他の非常の場合にあっては，適用しない。 ③インターネットプロトコル移動電話端末は，総務大臣が別に告示する条件に適合する送信タイミングで送信する機能を備えなければならない。 R3-1-法規-問4(5)

解説

本文「インターネットプロトコル移動電話端末」の「◆第三十二条の十一（発信の機能）」と「◆第三十二条の十二（送信タイミング）」を参照してください。

①正しい。

②誤り。「5回以内」ではなく，「3回以内」です。

③正しい。

【解答：②】

類似問題 H26-1-法規-問4（1）

問い11	答え
専用通信回線設備等端末は，総務大臣が別に告示する電気的条件及び［　　　］条件のいずれかの条件に適合するものでなければならない。	①光学的 ②磁気的 ③機械的 R3-1-法規-問4（4）

解説

本文「専用通信回線設備等端末」の「◆第三十四条の八（電気的条件等）」を参照してください。

【解答：①】

類似問題 H24-2-法規-問4（5），H22-1-法規-問4（5），H18-2-法規-問4（1）

問い12	答え
専用通信回線設備等端末における「漏話減衰量」及び「電気的条件等」について述べた次の二つの文章は，□□□□。 A　複数の電気通信回線と接続される専用通信回線設備等端末の回線相互間の漏話減衰量は，1,500ヘルツにおいて70デシベル以上でなければならない。 B　専用通信回線設備等端末は，電気通信回線に対して直流の電圧を加えるものであってはならない。ただし，総務大臣が別に告示する条件において直流重畳が認められる場合にあっては，この限りでない。	①Aのみ正しい ②Bのみ正しい ③AもBも正しい ④AもBも正しくない H25-1-法規-問4（4）

解説

　本文「専用通信回線設備等端末」の「◆第三十四条の八（電気的条件等）」と「◆第三十四条の九（漏話減衰量）」を参照してください。

A　正しい。

B　正しい。

【解答：③】

類似問題　H23-2-法規-問4（4），H23-1-法規-問4（5）

No. 05 | 工事担任者関連, 不正アクセス行為の禁止等に関する法律

これだけは覚えよう！

電気通信事業法　工事担任者関連

☑ 端末設備又は自営電気通信設備を接続するときは，工事担任者資格者証の交付を受けている者に，工事を行わせ，又は実地に監督させなければならない。

☑ 工事担任者は，その工事の実施又は監督の職務を誠実に行わなければならない。

☑ 養成課程で，総務大臣が総務省令で定める基準に適合するものであることの認定をしたものを修了した者に対し，工事担任者資格者証を交付する。

☑ 総務大臣は，工事担任者資格者証の返納を命ぜられ，その日から1年を経過しない者に対しては，工事担任者資格者証の交付を行わないことができる。

工事担任者規則

☑ 資格者証の交付を受けようとする者は，別に定める様式の申請書に書類を添えて，総務大臣に提出しなければならない。

☑ 第二級デジタル通信工事担任者の工事は，入出力速度が毎秒1ギガビット以下であって，主としてインターネットに接続するための回線に係るものに限る。総合デジタル通信用設備に端末設備等を接続するための工事を除く。

☑ 第二級アナログ通信工事担任者の工事は，端末設備に収容する電気通信回線の数が1のもの，及び総合デジタル通信回線の数が基本インタフェースで1のものに限る。

不正アクセス行為の禁止等に関する法律

☑ この法律は，電気通信回線を通じて行われる電子計算機に係る犯罪の防止及びアクセス制御機能により実現される電気通信に関する秩序の維持を図る。

☑ 「アクセス管理者」とは，電気通信回線に接続している電子計算機の特定利用につき当該特定電子計算機の動作を管理する者をいう。

☑ 「アクセス制御機能」とは，特定電子計算機への入力が当該特定利用に係る識別符号であることを確認して，当該特定利用の制限の全部又は一部を解除するものをいう。

→ 電気通信事業法　工事担任者関連

◆第七十一条　（工事担任者による工事の実施及び監督）重要度：★★★

第七十一条は次のとおりです。

- 利用者は，端末設備又は**自営電気通信設備を接続**するときは，工事担任者資格者証の交付を受けている者に，当該工事担任者資格者証の種類に応じ，これに係る工事を行わせ，又は実地に監督させなければならない。ただし，総務省令で定める場合は，この限りでない。
- 工事担任者は，端末設備又は自営電気通信設備を接続する工事の実施又は監督の職務を**誠実**に行わなければならない。

◆第七十二条（工事担任者資格者証）　　　重要度：★★★

第七十二条は次のとおりです。

- 工事担任者資格者証の種類及び工事担任者が行い，又は監督することができる端末設備若しくは自営電気通信設備の接続に係る工事の範囲は，総務省令で定める。

◆第七十二条　2（工事担任者資格者証　交付）重要度：★★★

　　第七十二条　2は，第四十六条（電気通信主任技術者資格者証）を準用するもので，養成課程による交付です。養成課程は学校等の団体による学習です。第七十二条　2は次のとおりです。

- 総務大臣は，工事担任者資格者証の交付を受けようとする者の**養成課程**で，総務大臣が総務省令で定める基準に適合するものであることの**認定**をしたものを**修了**した者に対し，工事担任者資格者証を交付する。

◆第七十二条　2（工事担任者資格者証　交付の拒否）重要度：★★★

工事担任者資格者証の交付を行わないこととして2つあり，次のようになります。

- 総務大臣は，電気通信事業法の規定により工事担任者資格者証の返納を命ぜられ，その日から1年を経過しない者に対しては，工事担任者資格者証の交付を行わないことがきる。
- 総務大臣は，電気通信事業法の規定により罰金以上の刑に処せられ，その執行を終わり，又はその執行を受けることがなくなった日から2年を経過しない者に対して

は，工事担任者資格者証の交付を行わないことができる。

◆第七十二条　2（工事担任者資格者証　返納）重要度:★☆☆

工事担任者資格者証の返納は，次のようになります。
- 総務大臣は，工事担任者資格者証を受けている者がこの法律又はこの法律に基づく命令の規定に違反したときは，その工事担任者資格者証の返納を命ずることができる。

● 工事担任者規則

◆第四条（資格者証の種類及び工事の範囲）重要度:★★★

資格者証の種類及び工事の範囲は，表1のとおりです。

表1：工事担任者資格者証の種類及び工事の範囲

資格者証の種類	工事の範囲
第一級アナログ通信	アナログ伝送路設備に端末設備等を接続するための工事及び総合デジタル通信用設備に端末設備等を接続するための工事。
第二級アナログ通信	アナログ伝送路設備に端末設備を接続するための工事（端末設備に収容される電気通信回線の数が1のものに限る。）及び総合デジタル通信用設備に端末設備を接続するための工事（総合デジタル通信回線の数が基本インタフェースで1のものに限る。）
第一級デジタル通信	デジタル伝送路設備に端末設備等を接続するための工事。ただし，総合デジタル通信用設備に端末設備等を接続するための工事を除く。
第二級デジタル通信	デジタル伝送路設備に端末設備等を接続するための工事（接続点におけるデジタル信号の入出力速度が毎秒1ギガビット以下であって，主としてインターネットに接続するための回線に係るものに限る。）。ただし，総合デジタル通信用設備に端末設備等を接続するための工事を除く。
総合通信	アナログ伝送路設備又はデジタル伝送路設備に端末設備等を接続するための工事。

アナログ伝送路設備：アナログ信号を入出力とする電気通信回線設備
デジタル伝送路設備：デジタル信号を入出力とする電気通信回線設備

◆ 第三十七条（資格者証の交付の申請）　　重要度：★★☆

第三十七条は，次のとおりです。

・資格者証の交付を受けようとする者は，別に定める様式の申請書に次に掲げる（ⅰ）
　〜（ⅲ）書類を添えて，**総務大臣**に提出しなければならない。

（ⅰ）氏名及び生年月日を証明する書類

（ⅱ）写真（申請前6月以内に撮影した無帽，正面，上三分身，無背景の縦30ミリメー
　　　トル，横24ミリメートルのもので，裏面に申請に係る資格及び氏名を記載した
　　　ものとする。）一枚

（ⅲ）養成課程の修了証明書（養成課程の修了に伴い資格者証の交付を受けようとする
　　　者の場合に限る。）

→ 不正アクセス行為の禁止等に関する法律

◆ 不正アクセス行為の禁止等に関する法律　　重要度：★☆☆

　不正アクセス行為の禁止等に関する法律は，インターネット等のコンピュータネッ
トワークでの通信において，不正アクセス行為とその助長行為を規制します。

◆ 使用される用語の概要　　重要度：★☆☆

不正アクセス行為の禁止等に含まれている，特別な用語は次のとおりです。

・電子計算機：コンピュータ

・電気通信回線：ネットワーク

・アクセス制御機能：利用者に応じた権限でコンピュータを使用させる機能

・識別符号：ログイン時にコンピュータが利用者を識別するためのデータで，IDと
　パスワードの組合せ等がある。

◆ 第一条（目的）　　重要度：★★★

第一条（目的）は，次のとおりです。

・不正アクセス行為の禁止等に関する法律は，不正アクセス行為を禁止するととも
　に，これについての罰則及びその再発防止のための都道府県公安委員会による援助
　措置等を定めることにより，電気通信回線を通じて行われる**電子計算機**に係る犯罪
　の防止及びアクセス制御機能により実現される電気通信に関する**秩序の維持**を図

り，もって高度情報通信社会の健全な発展に寄与することを目的とする。

◆第二条（定義　アクセス管理者）　　　重要度：★★★

第二条（定義　アクセス管理者）は，次のとおりです。
・不正アクセス行為の禁止等に関する法律において「アクセス管理者」とは，電気通信回線に接続している電子計算機（以下「特定電子計算機」という。）の利用（当該電気通信回線を通じて行うものに限る。以下「特定利用」という。）につき当該特定電子計算機の**動作を管理**する者をいう。

◆第二条　3（定義　アクセス制御機能）　　重要度：★★★

第二条　3（定義　アクセス制御機能）は，次のとおりです。
・不正アクセス行為の禁止等に関する法律において「アクセス制御機能」とは，特定電子計算機の特定利用を自動的に制御するために当該特定利用に係るアクセス管理者によって当該特定電子計算機又は当該特定電子計算機に電気通信回線を介して接続された他の特定電子計算機に付加されている機能であって，当該特定利用をしようとする者により当該機能を有する特定電子計算機に入力された符号が当該特定利用に係る**識別符号**であることを確認して，当該特定利用の制限の全部又は一部を解除するものをいう。

練習問題

問い1	答え
電気通信事業法に規定する「工事担任者資格者証」について述べた次の二つの文章は，　　　　　　。 A　総務大臣は，電気通信事業法の規定により工事担任者資格者証の返納を命ぜられ，その日から1年を経過しない者に対しては，工事担任者資格者証の交付を行わないことができる。 B　総務大臣は，工事担任者資格者証の交付を受けようとする者の養成課程で，総務大臣が総務省令で定める基準に適合するものであることの認定をしたものを受講した者に対し，工事担任者資格者証を交付する。 <div align="right">R2-2-法規-問1(3)</div>	①Aのみ正しい ②Bのみ正しい ③AもBも正しい ④AもBも正しくない

解説

A　正しい。本文「電気通信事業法　工事担任者関連」の「◆第七十二条　2(工事担任者資格者証　交付の拒否)」を参照してください。

B　誤り。工事担任者資格者証の交付は，養成課程を「受講」した者でなく，養成課程を「修了」した者です。本文「電気通信事業法　工事担任者関連」の「◆第七十二条　2(工事担任者資格者証　交付)」を参照してください。

【解答：①】

問い2	答え
電気通信事業法に規定する「工事担任者による工事の実施及び監督」及び「工事担任者資格者証」について述べた次の二つの文章は，□□□□□。 A　工事担任者は，端末設備又は自営電気通信設備を接続する工事の実施又は監督の職務を誠実に行わなければならない。 B　工事担任者資格者証の種類及び工事担任者が行い，又は監督することができる端末設備若しくは自営電気通信設備の接続に係る工事の範囲は，総務省令で定める。 <div style="text-align:right">H30-2-法規-問1(2)</div>	①**Aのみ正しい** ②**Bのみ正しい** ③**AもBも正しい** ④**AもBも正しくない**

解説

A　正しい。本文「電気通信事業法　工事担任者関連」の「◆第七十一条　2（工事担任者による工事の実施及び監督）」を参照してください。

B　正しい。本文「電気通信事業法　工事担任者関連」の「◆第七十二条（工事担任者資格者証）」を参照してください。

【解答：③】

問い3	答え
利用者は，端末設備又は自営電気通信設備を□□□□□するときは，工事担任者資格者証の交付を受けている者に，当該工事担任者資格者証の種類に応じ，これに係る工事を行わせ，又は実地に監督させなければならない。ただし，総務省令で定める場合は，この限りでない。 <div style="text-align:right">R3-1-法規-問1(5)</div>	①**設置** ②**設定** ③**接続**

解説

　本文「電気通信事業法　工事担任者関連」の「◆第七十一条（工事担任者による工事の実施及び監督）」を参照してください。

【解答：③】

類似問題 H28-1-法規-問1(4)

問い4	答え
総務大臣は，工事担任者資格者証の交付を受けようとする者の養成課程で，総務大臣が総務省令で定める基準に適合するものであることの ☐ した者に対し，工事担任者資格者証を交付する。	①認証をしたものを受講 ②認定をしたものを修了 ③認可をしたものに合格 H29-1-法規-問1(5)

解説

　本文「電気通信事業法　工事担任者関連」の「◆第七十二条　2（工事担任者資格者証　交付）」を参照してください。

【解答：②】

問い5	答え
工事担任者資格者証の交付を受けようとする者は，別に定める様式の申請書に次に掲げる（ⅰ）～（ⅲ）の書類を添えて， ☐ に提出しなければならない。 （ⅰ）氏名及び生年月日を証明する書類 （ⅱ）写真1枚 （ⅲ）養成課程の修了証明書（養成課程の修了に伴い資格者証の交付を受けようとする者の場合に限る。）	①総務大臣 ②指定試験機関 ③都道府県知事 R3-1-法規-問2(1)

解説

　本文「工事担任者規則」の「◆第三十七条（資格者証の交付の申請）」を参照してください。

【解答：①】

問い6	答え
工事担任者規則に規定する「資格者証の種類及び工事の範囲」について述べた次の文章のうち，正しいものは， である。	①第一級アナログ通信工事担任者は，アナログ伝送路設備に端末設備等を接続するための工事及び総合デジタル通信用設備に端末設備等を接続するための工事を行い，又は監督することができる ②第二級アナログ通信工事担任者は，アナログ伝送路設備に端末設備を接続するための工事のうち，端末設備に収容される電気通信回線の数が1のものに限る工事を行い，又は監督することができる。また，総合デジタル通信用設備に端末設備を接続するための工事のうち，総合デジタル通信回線の数が毎秒64キロビット換算で1のものに限る工事を行い，又は監督することができる。 ③第二級デジタル通信工事担任者は，デジタル伝送路設備に端末設備等を接続するための工事のうち，接続点におけるデジタル信号の入出力速度が毎秒1ギガビット以下であって，主としてインターネットに接続するための回線に係るものに限る工事及び総合デジタル通信用設備に端末設備等を接続するための工事を行い，又は監督することができる。 想定問題1「資格証の種類及び工事の範囲」

解説

本文「工事担任者規則」の「表1　工事担任者資格者証の種類及び工事の範囲」を参照してください。

①正しい。

②誤り。「毎秒64キロビット換算」でなく「基本インタフェース」です。

③誤り。総合デジタル通信用設備に端末設備等を接続するための工事は除きます。

【解答：①】

問い7	答え
工事担任者規則に規定する「資格者証の種類及び工事の範囲」について述べた次の文章のうち，誤っているものは，□□□□である。	①総合通信工事担任者は，アナログ伝送路設備又はデジタル伝送路設備に端末設備等を接続するための工事を行い，又は監督することができる ②第二級アナログ通信工事担任者は，アナログ伝送路設備に端末設備を接続するための工事のうち，端末設備に収容される電気通信回線の数が1のものに限る工事を行い，又は監督することができる。また，総合デジタル通信用設備に端末設備を接続するための工事のうち，総合デジタル通信回線の数が基本インタフェースで1のものに限る工事を行い，又は監督することができる。 ③第二級デジタル通信工事担任者は，デジタル伝送路設備に端末設備等を接続するための工事のうち，接続点におけるデジタル信号の入出力速度が毎秒1メガビット以下であって，主としてインターネットに接続するための回線に係るものに限る工事を行い，又は監督することができる。ただし，及び総合デジタル通信用設備に端末設備等を接続するための工事を除く。 想定問題2 「資格証の種類及び工事の範囲」

解説

　本文「工事担任者規則」の「表1　工事担任者資格者証の種類及び工事の範囲」を参照してください。

①正しい。

②正しい。

③誤り。接続点におけるデジタル信号の入出力速度が毎秒「1メガ」ビット以下でなく，毎秒「1ギガ」ビット以下です。

【解答：③】

類似問題 　R3-2-法規-問2(1)

問い8	答え
不正アクセス行為の禁止等に関する法律は，不正アクセス行為を禁止するとともに，これについての罰則及びその再発防止のための都道府県公安委員会による援助措置等を定めることにより，電気通信回線を通じて行われる電子計算機に係る犯罪の防止及びアクセス制御機能により実現される電気通信に関する □ を図り，もって高度情報通信社会の健全な発展に寄与することを目的とする。 R3-1-法規-問2(5)	①品質の向上 ②利便の確保 ③秩序の維持

解説

本文「不正アクセス行為の禁止等に関する法律」の「◆第一条（目的）」を参照してください。

【解答：③】

類似問題 〉 H30-2-法規-問2(5)

問い9	答え
不正アクセス行為の禁止等に関する法律において，アクセス管理者とは，電気通信回線に接続している電子計算機（以下「特定電子計算機」という。）の利用（当該電気通信回線を通じて行うものに限る。）につき当該特定電子計算機の □ する者をいう。 R2-2-法規-問2(5)	①動作を管理 ②利用を監視 ③接続を制限

解説

本文「不正アクセス行為の禁止等に関する法律」の「◆第二条（定義　アクセス管理者）」を参照してください。

【解答：①】

問い10	答え
不正アクセス行為の禁止等に関する法律において，アクセス制御機能とは，特定電子計算機の特定利用を自動的に制御するために当該特定利用に係るアクセス管理者によって当該特定電子計算機又は当該特定電子計算機に電気通信回線を介して接続された他の特定電子計算機に付加されている機能であって，当該特定利用をしようとする者により当該機能を有する特定電子計算機に入力された符号が当該特定利用に係る識別符号であることを確認して，当該特定利用の制限の全部又は一部を　　　　　　するものをいう。	①強化 ②緩和 ③解除 H31-1-法規-問2(5)

解説

　本文「不正アクセス行為の禁止等に関する法律」の「◆第二条　3（定義　アクセス制御機能）」を参照してください。

【解答：③】

類似問題 〉 H29-2-法規-問2(5)，H28-2-法規-問2-(5)

第**4**章

電気通信技術の基礎 計算問題集

　本章では，1章の練習問題に収めきれなかった計算問題を出題パターンごとにまとめました。各解説の最後には類似問題も示してあります。計算問題は，計算方法を理解することによって正解を選べます。また，学習方法としては，計算のステップを書きながら理解するのが効果的と考えます。

この章の内容

⟶ 電気回路，合成抵抗

問い1	答え
図に示す回路において，100オームの抵抗に流れる電流Iが20ミリアンペア，200オームの抵抗に流れる電流I_2が2ミリアンペアであるとき，抵抗R_2は，□□□□キロオームである。ただし，電池の内部抵抗は無視するものとする。	① 5.2 ② 6.3 ③ 7.4

H29-1-基礎-問1(1)

解説

① 回路図に量記号V，V_1，V_2，V_3，V_4を記入します。（図の赤字）

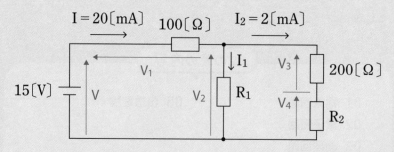

② オームの法則で使用するV，I，R中の2つに値がある箇所を見つけて計算します。V_1，V_3が該当します。

③ オームの法則で抵抗100〔Ω〕とI = 20〔mA〕からV_1を求めます。

$V_1 = 100$〔Ω〕$\times I = 100$〔Ω〕$\times 20$〔mA〕$= 2,000$〔mV〕$= 2$〔V〕

④オームの法則で抵抗200〔Ω〕と$I_2 = 2$〔mA〕からV_3を求めます。

$V_3 = 200$〔Ω〕$\times I_2 = 200$〔Ω〕$\times 2$〔mA〕$= 400$〔mV〕$= 0.4$〔V〕

m（ミリ）に関しては本文のコラムＢを参照してください。

⑤分圧の公式でVとV_1からV_2を求めます。$V_2 = V - V_1 = 15$〔V〕$- 2$〔V〕$= 13$〔V〕

⑥分圧の公式でV_2とV_3からV_4を求めます。$V_4 = V_2 - V_3 = 13$〔V〕$- 0.4$〔V〕$= 12.6$〔V〕

⑦オームの法則でV_4とI_2からR_2を求めます。

$$R_2 = \frac{V_4}{I_2} = \frac{12.6 〔V〕}{2 〔mA〕} = \frac{12.6 〔V〕}{2 \times 10^{-3} 〔A〕} = \frac{12.6}{2} \times \frac{1}{10^{-3}} = 6.3 \times 10^3 〔Ω〕 = 6.3 〔kΩ〕$$

【解答：②】

類似問題 ▷ H25-2-基礎-問1(1)，H23-1-基礎-問1(1)

問い2	答え
図に示す回路において，抵抗R_1に加わる電圧が20ボルトのとき，R_1は，□□□□オームである。ただし，電池の内部抵抗は無視するものとする。 R_1　　　$R_2 = 15$〔Ω〕 $R_3 = 12$〔Ω〕 $E = 80$〔V〕	① 4 ② 5 ③ 8 H31-1-基礎-問1(1)

解説

①回路図に量記号I_1，V_1，V_2，を記入します。（図の赤字）

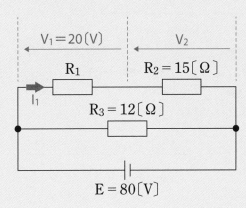

②分圧の法則で起電力EとV_1からV_2を計算します。

$E = V_1 + V_2$　⇒　$V_2 = E - V_1$　⇒　$V_2 = 80 - 20 = 60$〔V〕

③オームの法則でV_2，R_2からI_1を計算します。

$$I_1 = \frac{V_2}{R_2} = \frac{60 \, \text{(V)}}{15 \, \text{(Ω)}} = 4 \, \text{(A)}$$

④オームの法則でV_1，I_1からR_1を計算します。

$$R_1 = \frac{V_1}{I_1} = \frac{20 \, \text{(V)}}{4 \, \text{(A)}} = 5 \, \text{(Ω)}$$

【解答：②】

類似問題 H27-1-基礎-問1(1)

問い3	答え
図に示す回路において，抵抗R_1が ☐ オームのとき，抵抗R_3に流れる電流は6アンペアとなる。ただし，電池Eの内部抵抗は無視するものとする。 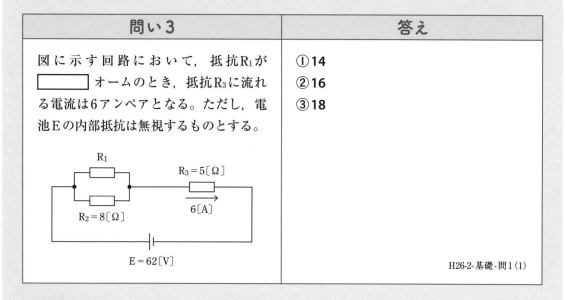	① 14 ② 16 ③ 18 H26-2-基礎-問1(1)

解説

①回路図に量記号I，I_1，I_2，V_1，V_2を記入します。（図の赤字）

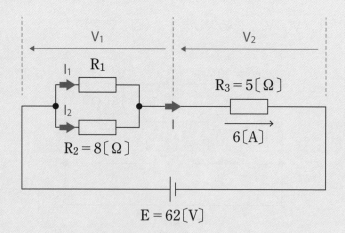

②オームの法則でR_3，IからV_2を計算します。

$$V_2 = I \cdot R_3 = 6 \, \text{(A)} \times 5 \, \text{(Ω)} = 30 \, \text{(V)}$$

③分圧の公式でE, V_2 から V_1 を計算します。

$E = V_1 + V_2$ ⇒ $V_1 = E - V_2 = 62 - 30 = 32$ 〔V〕

④オームの法則でV_1, R_2 から I_2 を計算します。

$$I_2 = \frac{V_1}{R_2} = \frac{32 \, 〔V〕}{8 \, 〔Ω〕} = 4 \, 〔A〕$$

⑤分流の公式でI, I_2 から I_1 を計算します。

$I = I_1 + I_2$ ⇒ $I_1 = I - I_2 = 6 - 4 = 2$ 〔A〕

⑥オームの法則でV_1, I_1 から R_1 を計算します。

$$R_1 = \frac{V_1}{I_1} = \frac{32 \, 〔V〕}{2 \, 〔A〕} = 16 \, 〔Ω〕$$

【解答：②】

類似問題 H19-2-基礎-問1(1)

問い4	答え
図に示す回路において，抵抗R_1に加わる電圧が10ボルトのとき，抵抗R_3で消費する電力は，□□□□ワットである。 $R_2 = 3$〔Ω〕 $R_1 = 2$〔Ω〕 $R_3 = 2$〔Ω〕 E	①8 ②18 ③28 H28-1-基礎-問1(1)

解説

①回路図に量記号I, V_1, V_2, 並列合成抵抗R_4を記入します。（図の赤字）

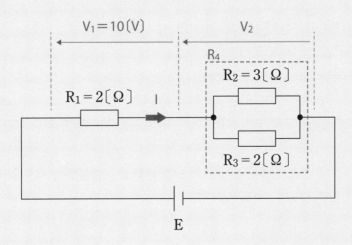

②オームの法則にてV_1，R_1からIを計算します。

$$I = \frac{V_1}{R_1} = \frac{10 \,\text{(V)}}{2 \,\text{(}\Omega\text{)}} = 5 \,\text{(A)}$$

③R_2とR_3の並列合成抵抗R_4を計算します。抵抗が2つなので式9を用います。

$$R_4 = \frac{R_2 \cdot R_3}{R_2 + R_3} = \frac{3 \cdot 2}{3 + 2} = \frac{6}{5} \,\text{(}\Omega\text{)}$$

④オームの法則にてIとR_4からV_2を計算します。

$$V_2 = I \cdot R_4 = 5 \,\text{(A)} \times \frac{6}{5} \,\text{(}\Omega\text{)} = 6 \,\text{(V)}$$

⑤VとRからPが求まるように，電力Pを求める式へオームの法則を代入して変形します。暗記することで変形する時間を省けます。

$$P = I \cdot V = \frac{V}{R} \cdot V = \frac{V^2}{R} \,\text{(W)}$$

⑥V_2とR_3よりR_3の消費電力Pを計算します。

$$P = \frac{V_2^{\,2}}{R_3} = \frac{6^2 \,\text{(V)}}{2 \,\text{(}\Omega\text{)}} = \frac{36}{2} = 18 \,\text{(W)}$$

【解答：②】

問い5	答え
図に示す回路において，抵抗R_1に流れる電流が8アンペアのとき，この回路に接続されている電池Eの電圧は，□□□□ボルトである。ただし，電池の内部抵抗は無視するものとする。 H30-2-基礎-問1(1)	①16 ②20 ③24

解説

①回路図を見やすくするためにレイアウトを変更し，量記号I，I_1，I_2，V_1，V_2，並列合成抵抗R_5を記入します。（図の赤字）

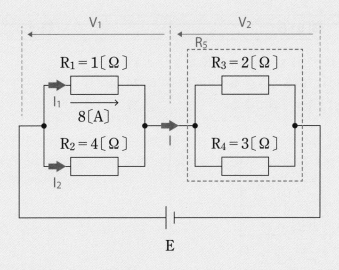

②オームの法則でR_1，I_1からV_1を計算します。

$V_1 = I_1 \cdot R_1 = 8\,(\text{A}) \times 1\,(\Omega) = 8\,(\text{V})$

③オームの法則でV_1，R_2からI_2を計算します。

$$I_2 = \frac{V_1}{R_2} = \frac{8\,(\text{V})}{4\,(\Omega)} = 2\,(\text{A})$$

④分流の公式でI_1，I_2からIを求めます。

$I = I_1 + I_2 = 8 + 2 = 10\,(\text{A})$

⑤R_3とR_4の並列合成抵抗R_5を計算します。抵抗が2つなので式9を用います。

$$R_5 = \frac{R_3 \cdot R_4}{R_3 + R_4} = \frac{3 \cdot 2}{2 + 3} = \frac{6}{5}\,(\Omega)$$

⑥オームの法則でI，R_5からV_2を計算します。

$$V_2 = I \cdot R_5 = 10\,(\text{A}) \cdot \frac{6}{5}\,(\Omega) = 12\,(\text{V})$$

⑦分圧の公式でV_1，V_2からEを計算します。

$E = V_1 + V_2 = 8 + 12 = 20\,(\text{V})$

【解答：②】

類似問題 H28-2-基礎-問1（1）

問い6	答え
図に示す回路において，抵抗R_4が □ オームであるとき，端子a－b間の合成抵抗は，1オームである。 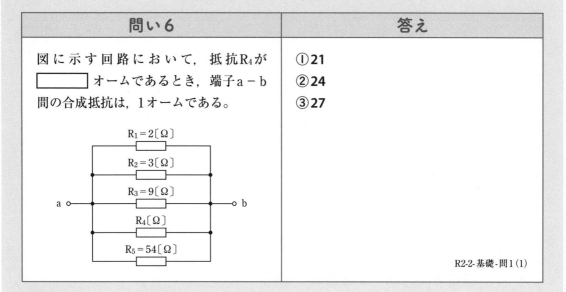	①21 ②24 ③27 <div align="right">R2-2-基礎-問1(1)</div>

解説

①R1～R5による並列合成抵抗Rの算出式へ抵抗値を入れます。

$$\frac{1}{R} = \frac{1}{R_1} + \frac{1}{R_2} + \frac{1}{R_3} + \frac{1}{R_4} + \frac{1}{R_5} \Rightarrow \frac{1}{1} = \frac{1}{2} + \frac{1}{3} + \frac{1}{9} + \frac{1}{R_4} + \frac{1}{54}$$

②$\dfrac{1}{R_4}$の項を左辺に，他を右辺へ入れ換えます。

$$\frac{1}{R_4} = \frac{1}{1} - \frac{1}{2} - \frac{1}{3} - \frac{1}{9} - \frac{1}{54}$$

③右辺を通分します。試験では，まず，一番大きい分母で試みてください。

$$\frac{1}{R_4} = \frac{1}{1} \times \frac{54}{54} - \frac{1}{2} \times \frac{54}{54} - \frac{1}{3} \times \frac{54}{54} - \frac{1}{9} \times \frac{54}{54} - \frac{1}{54} \times \frac{54}{54}$$

$$\frac{1}{R_4} = \frac{54}{54} - \frac{27}{54} - \frac{18}{54} - \frac{6}{54} - \frac{1}{54}$$

④右辺において，分母は54のままで，分子を計算します。

$$\frac{1}{R_4} = \frac{54 - 27 - 18 - 6 - 1}{54}$$

$$\frac{1}{R_4} = \frac{2}{54}$$

⑤右辺を約分します。

$$\frac{1}{R_4} = \frac{1}{27}$$

これより，R4 = 27〔Ω〕となります。

【解答：③】

類似問題 H26-1-基礎-問1(1)

問い7	答え
図に示す回路において，端子a−b間の合成抵抗は， [　　　] オームである。 6〔Ω〕　3〔Ω〕 2〔Ω〕　3〔Ω〕 a　6〔Ω〕　6〔Ω〕　b	① **1.6** ② **2.0** ③ **2.4** H30-1-基礎-問1 (1)

解説

①回路図のレイアウトを変更し，合成抵抗の量記号 R_1，R_2，R_3 を記入します。（図の赤字）

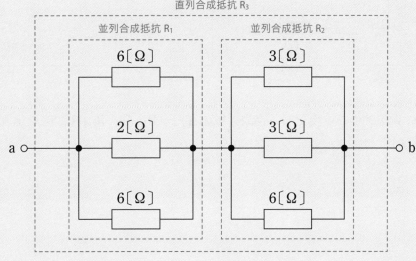

直列合成抵抗 R_3

並列合成抵抗 R_1　　　並列合成抵抗 R_2

②並列合成抵抗 R_1 の式を立て，通分して R_1 を計算します。分母を6に通分します。

$$\frac{1}{R_1} = \frac{1}{6} + \frac{1}{2} + \frac{1}{6} = \frac{1}{6} + \frac{1}{2} \times \frac{3}{3} + \frac{1}{6} = \frac{1}{6} + \frac{1 \times 3}{2 \times 3} + \frac{1}{6} = \frac{1}{6} + \frac{3}{6} + \frac{1}{6} = \frac{1+3+1}{6} = \frac{5}{6}$$

$$R_1 = \frac{6}{5} \, (\Omega)$$

②並列合成抵抗 R_2 の式を立て，通分して R_2 を計算します。分母を6に通分します。

$$\frac{1}{R_2} = \frac{1}{3} + \frac{1}{3} + \frac{1}{6} = \frac{1}{3} \times \frac{2}{2} + \frac{1}{3} \times \frac{2}{2} + \frac{1}{6} = \frac{1 \times 2}{3 \times 2} + \frac{1 \times 2}{3 \times 2} + \frac{1}{6} = \frac{2}{6} + \frac{2}{6} + \frac{1}{6}$$

$$= \frac{2+1+1}{6} = \frac{5}{6}$$

$$R_2 = \frac{6}{5} \, (\Omega)$$

③R_1，R_2より直列合成抵抗R_3を計算します。

$$R_3 = R_1 + R_2 = \frac{6}{5} + \frac{6}{5} = \frac{6+6}{5} = \frac{12}{5} = 2.4 \, (\Omega)$$

【解答：③】

類似問題 H24-2-基礎-問1(1)，H21-2-基礎-問1(1)

問い8	答え
図に示す回路において，端子a－b間の合成抵抗は，□オームである。 ![回路図] 1〔Ω〕 1〔Ω〕 1〔Ω〕 a○ 6〔Ω〕 12〔Ω〕 2〔Ω〕 b○ 2〔Ω〕 1〔Ω〕 3〔Ω〕	①4 ②6 ③8 H22-2-基礎-問1(1)

解説

①回路図のレイアウトを変更し，合成抵抗の量記号R_1，R_2，R_3，R_4，R_5を記入します。
（図の赤字）

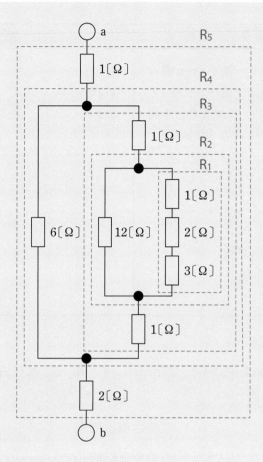

②直列合成抵抗R_1を計算します。

$R_1 = 1 + 2 + 3 = 6 \, (\Omega)$

②R_1を含む並列合成抵抗R_2を計算します。2つの抵抗なので式9を用います。

$$R_2 = \frac{R_1 \times 12}{R_1 + 12} = \frac{6 \times 12}{6 + 12} = \frac{72}{18} = 4 \, (\Omega)$$

③R_2を含む直列合成抵抗R_3を計算します。

$R_3 = 1 + R_2 + 1 = 1 + 4 + 1 = 6 \, (\Omega)$

④R_3を含む並列合成抵抗R_4を計算します。2つの抵抗なので式9を用います。

$$R_4 = \frac{R_2 \times 6}{R_2 + 6} = \frac{6 \times 6}{6 + 6} = \frac{36}{12} = 3 \, (\Omega)$$

なお，2つの同じ抵抗の並列合成抵抗は，単体の抵抗の半分になります。暗記しておくと，計算時間を短縮できます。

⑤R_4を含む直列合成抵抗R_5を計算します。

$R_5 = 1 + R_4 + 2 = 1 + 3 + 2 = 6 \, (\Omega)$

【解答：②】

問い9	答え
図に示す回路において，端子a−b間に任意の直流電圧を加え，端子cと端子dが同電位となるように，抵抗Rの値を調整したとき，端子a−b間の合成抵抗は，□オームになる。 c 1〔Ω〕　2〔Ω〕 a　　　　　b 2〔Ω〕　R d	①1 ②2 ③3 H22-1-基礎-問1(1)

解説

①回路図のレイアウトを変更し，量記号V_1, V_2, I_1, I_2, 及び合成抵抗R_1, R_2, R_3を記入します。（図の赤字）

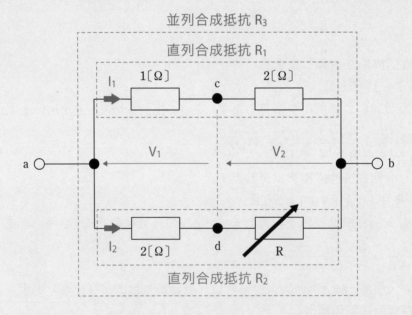

②オームの法則にて各区間での電圧と電流の関係式を作り，Rを求めてゆきます。

a−c間　$V_1 = I_1 \cdot 1$　・・・式A

a−d間　$V_1 = I_2 \cdot 2$　・・・式B

c−b間　$V_2 = I_1 \cdot 2$　・・・式C

d−b間　$V_2 = I_2 \cdot R$　・・・式D

③式Aと式Bの電圧は共通のV_1なので次のようにできます。

$I_1 = 2I_2$ ・・・式E

④式Cと式Dの電圧は共通のV_2なので次のようにできます。

2$I_1 = I_2 \cdot R$ ・・・式F

⑤式Fへ式EのI_1を代入して，整理することでRが求まります。

2$(2I_2) = I_2 \cdot R$ ⇒ 4$I_2 = I_2 \cdot R$ ⇒ R = 4〔Ω〕

⑥直列合成抵抗R_1，R_2を計算します。

$R_1 = 1 + 2 = 3$〔Ω〕 ， $R_2 = 2 + R = 2 + 4 = 6$〔Ω〕

⑦R_1とR_2による並列合成抵抗R_3を計算します。

$$R_3 = \frac{R_1 \times R_2}{R_1 + R_2} = \frac{3 \times 6}{3 + 6} = \frac{18}{9} = 2 〔Ω〕$$

なお，設問の回路はホイストーンブリッジと呼ばれ，cとdが同電位の場合，平行に配置された抵抗の積が等しくなります。式は次のとおりで，⑤までの計算を省略できます。

2〔Ω〕× 2〔Ω〕= 1〔Ω〕× R〔Ω〕 → R = 4〔Ω〕

【解答：②】

問い10	答え
図に示すように，最大指示値が40ミリアンペア，内部抵抗rが8オームの電流計Aに，□□□□□オームの抵抗Rを並列に接続すると，最大440ミリアンペアの電流Iを測定できる。 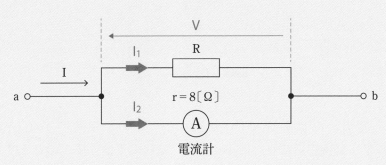 H28-2-基礎-問1(2)	①0.6 ②0.8 ③1.0

解説

①回路図に量記号V，I_1，I_2を記入します。（図の赤字）

（図）

②設問は，a−b間の最大電流I＝440〔mA〕，電流計の最大指示値I_2＝40〔mA〕です。
オームの法則でI_2とrから最大電流時の電圧Vを計算します。

$$V = I_2 \cdot r = 40 \,〔mA〕 \times 8 \,〔\Omega〕= 320 \,〔mV〕$$

③分流の公式でI，I_2からI_1を計算します。

$$I = I_1 + I_2 \quad \Rightarrow \quad I_1 = I - I_2 = 440 - 40 = 400 \,〔mA〕$$

④オームの法則でV，I_1からRを計算します。

$$V = I_1 \cdot R \quad \Rightarrow \quad R = \frac{V}{I_1} = \frac{320 \,〔mV〕}{400 \,〔mA〕} = 0.8 \,〔\Omega〕$$

【解答：②】

類似問題 H17-2-基礎-問1(1)

問い11	答え
最大目盛がいずれも20アンペアである直流電流計A_1及びA_2がある。これらの直流電流計の針が最大目盛に振れたときの端子電圧降下は，A_1では40ミリボルト，A_2では60ミリボルトである。この二つの電流計A_1及びA_2を図に示すように接続し，端子a−b間に15アンペアの電流を流すと，直流電流計A_2の値は，☐アンペアである。 ![circuit] a →15〔A〕 — A_1 / A_2 — b	①2 ②4 ③6 H20-1-基礎-問1(1)

解説

①回路図に量記号V，I，I_1，I_2，電流計の内部抵抗r_1，r_2を記入します。（図の赤字）

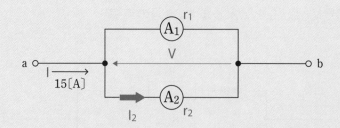

②設問から，電流計A_1は電流20〔A〕が流れたときの電圧降下が40〔mV〕なので，オームの法則より内部抵抗r_1を計算します。電圧降下は，両端の電圧です。

$$r_1 = \frac{40\,(mV)}{20\,(A)} = 2\,(m\Omega)$$

③設問から，電流計A_2は，電流20〔A〕が流れたときの電圧降下が60〔mV〕なので，オームの法則より内部抵抗r_2を計算します。

$$r_2 = \frac{60\,(mV)}{20\,(A)} = 3\,(m\Omega)$$

④r_1とr_2は並列接続なので並列合成抵抗rを計算します。2つの抵抗なので式9を使います。

$$r = \frac{r_1 \times r_2}{r_1 + r_2} = \frac{2 \times 3}{2 + 3} = \frac{6}{5}\,(m\Omega)$$

⑤オームの法則より，rと電流I＝15〔A〕から電圧Vを計算します。

$$V = r \cdot I = \frac{6}{5}\,(m\Omega) \times 15\,(A) = 18\,(mV)$$

⑥オームの法則より，r_2と電圧Vから電流計A_2に流れる電流I_2を計算します。

$$I_2 = \frac{V}{r_2} = \frac{18\,(mV)}{3\,(m\Omega)} = 6\,(A)$$

【解答：③】

問い12	答え
図に示すように，最大目盛が20ミリアンペアの電流計Aに30キロオームの抵抗を直列に接続して電圧計を作った。この電圧計は，最大 ⬚ ボルトまで測定できる。ただし，電流計の内部抵抗は無視するものとする。 30〔kΩ〕 ─▭──Ⓐ─	①60 ②600 ③6,000 H19-1-基礎-問1(1)

解説

①回路図に量記号V，I，R，rを記入します。（図の赤字）

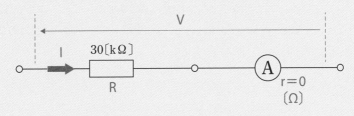

②電流計Aに流れる最大電流I = 20〔mA〕，直列接続した抵抗R = 30〔kΩ〕より，オームの法則で両端電圧Vを計算します。設問より，電流計Aの内部抵抗r = 0〔Ω〕です。

$$V = I \cdot R = 20〔mA〕 \times 30〔kΩ〕 = (20 \times 10^{-3}〔A〕) \times (30 \times 10^{3}〔Ω〕)$$
$$= 20 \times 30 \times 10^{-3} \times 10^{3} = 20 \times 30 \times 1 = 600〔V〕$$

【解答：②】

➔ 交流回路

問い1	答え
図に示す回路において，端子a－b間に68ボルトの交流電圧を加えたとき，この回路に流れる電流は，□□□□□アンペアである。 R = 15〔Ω〕　　　X_C = 8〔Ω〕 a ○─[▭]────┤├───○ b	① 2 ② 4 ③ 17 R1-2-基礎-問1(2)

解説

①回路図に量記号V，I，Zを記入します。（図の赤字）

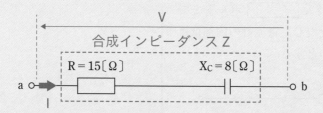

②RCの直列回路なので，式12により合成インピーダンスZを計算します。

$$Z = \sqrt{R^2 + X_C^2} = \sqrt{15^2 + 8^2} = \sqrt{225 + 64} = \sqrt{289} = 17〔Ω〕$$

計算過程での$15^2 = 225$と$\sqrt{289} = 17$は，表2を暗記しておくと即座に求まります。

③交流電圧V = 68〔V〕とZ = 17〔Ω〕から，交流回路のオームの法則の式10を用いて端子a－b間に流れる電流Iを計算します。

$$I = \frac{V}{Z} = \frac{68〔V〕}{17〔Ω〕} = 4〔A〕$$

【解答：②】

類似問題 H30-1-基礎-問1（2），H27-1-基礎-問1（2），H26-2-基礎-問1（2），
H24-1-基礎-問1（2），H23-2-基礎-問1（2），H22-1-基礎-問1（2），H19-1-基礎-問1（2）

問い2	答え
図に示す回路において，回路に流れる交流電流が5アンペアであるとき，端子a－b間の交流電圧は，□□□ ボルトである。 $X_L = 7〔Ω〕$　　$X_C = 3〔Ω〕$ a ○—⌒⌒⌒—||—○ b	① **20** ② **25** ③ **50** H31-1-基礎-問1（2）

解説

①回路図に量記号V，I，Zを記入します。（図の赤字）

②LCの直列回路なので，式14により合成インピーダンスZを計算します。

　$Z = | X_L - X_C | = | 7 - 3 | = | 4 | = 4〔Ω〕$

③交流回路のオームの法則の式10を用いて，電流I = 5〔A〕とZ = 4〔Ω〕から，端子a
　－b間に流れる電圧Vを計算します。

　$V = I·Z = 5〔A〕 × 4〔Ω〕 = 20〔V〕$

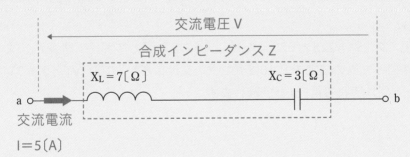

【解答：①】

類似問題 R3-1-基礎-問1（2），H29-2-基礎-問1（2），H29-1-基礎-問1（2），H26-1-基礎-問1（2），
H25-2-基礎-問1（2），H24-2-基礎-問1（2），H22-2-基礎-問1（2），H21-2-基礎-問1（2），
H20-1-基礎-問1（2）

問い3	答え
図に示す回路において，端子 a－b 間に交流電圧100ボルトを加えたとき，この回路に流れる電流は，□□□ アンペアである。 R = 15〔Ω〕　　X_L = 45〔Ω〕　　X_C = 25〔Ω〕 a ○─[▭]──[⌒⌒⌒]──┤├─○ b	①4 ②6 ③8 H21-1-基礎-問1 (2)

解説

①回路図に量記号V，I，Zを記入します。（図の赤字）

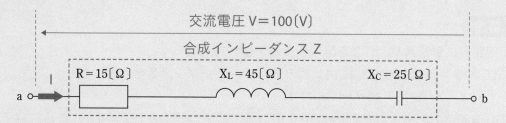

交流電圧 V = 100〔V〕

合成インピーダンス Z

I　R = 15〔Ω〕　　　　X_L = 45〔Ω〕　　　　X_C = 25〔Ω〕

a ○→─[▭]──[⌒⌒⌒]──┤├─○ b

②RLCの直列回路なので，式11により合成インピーダンスZを計算します。

$$Z = \sqrt{R^2 + (X_L - X_C)^2} = \sqrt{15^2 + (45 - 25)^2} = \sqrt{15^2 + (20)^2} = \sqrt{225 + 400} = \sqrt{625}$$

$$= 25 〔Ω〕$$

計算過程での $15^2 = 225$ と $625 = 25^2$ は，表2を暗記しておくと即座に求まります。

③交流回路のオームの法則の式10を用いて，交流電圧 V = 100〔V〕と Z = 25〔Ω〕から，端子 a－b 間に流れる電流Iを計算します。

$$I = \frac{V}{Z} = \frac{100〔V〕}{25〔Ω〕} = 4〔A〕$$

【解答：①】

類似問題　H17-2-基礎-問1 (2)

➡ 抵抗の特性

問い1	答え
断面が円形の導線の長さを9倍にしたとき，導線の抵抗値を変化させないようにするためには，導線の直径を [ ] 倍にすればよい。 R2-2-基礎-問1(4)	① $\dfrac{1}{3}$ ② 3 ③ 9

解説

①導線の長さを ℓ〔m〕，直径を D〔m〕，抵抗率を ρ〔Ω·m〕とすると，式18より導線の抵抗R〔Ω〕は次の式になります。これを変更前の導線の式にします。πは円周率です。

$$R = \frac{4\rho\ell}{\pi D^2} \text{〔Ω〕} \quad \cdots\cdots 変更前の導線の式$$

②変更後の導線の長さを ℓ'〔m〕，直径を D′〔m〕とすると，導線の抵抗R′〔Ω〕は次の式になります。$\ell' = 9\ell$ なので式へ代入します。

$$R' = \frac{4\rho\ell'}{\pi D'^2} = \frac{4\rho 9\ell}{\pi D'^2} \text{〔Ω〕} \quad \cdots\cdots 変更後の導線の式$$

③変更前後の抵抗値が変わらないのでR = R′になり，次の式が成立し，両辺にある赤字部分を削除して整理してゆきます。D′はDの3倍になります。

$$\frac{4\rho\ell}{\pi D^2} = \frac{4\rho 9\ell}{\pi D'^2} \text{〔Ω〕} \Rightarrow \frac{1}{D^2} = \frac{9}{D'^2} \Rightarrow D'^2 = 9D^2 \Rightarrow D'^2 = (3D)^2 \Rightarrow D' = 3D$$

【解答：②】

類似問題 〉 H20-2-基礎-問1(4)

問い2	答え
断面が円形の導線の単位長さ当たりの電気抵抗は，断面の直径を2倍にすると，□ 倍になる。	① $\dfrac{1}{4}$ ② $\dfrac{1}{2}$ ③ 2 ④ 4

H25-2-基礎-問1（4）

解説

①導線の長さを ℓ〔m〕，直径を D〔m〕，抵抗率を ρ〔Ω·m〕とすると，式18より導線の抵抗 R〔Ω〕は次の式になります。これを変更前の導線の式にします。πは円周率です。

$$R = \frac{4\rho\ell}{\pi D^2}\,\text{〔Ω〕}\quad\cdots\cdots\text{変更前の導線の式}$$

②変更後の直径を D′〔m〕，導線の抵抗 R′〔Ω〕とすると，導線の抵抗 R′〔Ω〕は次の式になります。D′＝2D なので式へ代入して整理すると，$R' = \dfrac{1}{4} \times R$〔Ω〕になります。

$$R' = \frac{4\rho\ell}{\pi D'^2} = \frac{4\rho\ell}{\pi(2D)^2} = \frac{4\rho\ell}{4\pi D^2} = \frac{1}{4} \times \frac{4\rho\ell}{\pi D^2} = \frac{1}{4} \times R\,\text{〔Ω〕}$$

・・・・・変更後の導線の式

【解答：①】

❷ 電界とコンデンサ

問い1	答え
静電容量が3CファラドのコンデンサにVボルトの直流電圧を加えると，コンデンサに蓄えられる電荷の量Qは，□□□クーロンで表される。	① $\dfrac{1}{3}CV$ ② $\dfrac{1}{3}CV^2$ ③ CV ④ $3CV$ ⑤ $3CV^2$ H18-1-基礎-問1(3)

解説

①コンデンサの静電容量C〔F〕，加える直流電圧V〔V〕，蓄えられる電荷量Q〔C〕の関係は次の式です。

$Q = C \cdot V$ 〔C〕

②コンデンサの静電容量を3C〔F〕とすると次の式になります。

$Q = (3C) \cdot V = 3CV$ 〔C〕

【解答：④】

電子回路

→ トランジスタ回路

問い1	答え
トランジスタ回路において，ベース電流が ☐ マイクロアンペア，コレクタ電流が2.48ミリアンペア流れているとき，エミッタ電流は2.52ミリアンペアとなる。	①0.04 ②40 ③50 H29-2-基礎-問2(5)

解説

トランジスタの各端子に流れる電流を，本文の図8のベース電流I_B，コレクタ電流I_C，エミッタ電流I_Eとすると，式1より次の式が成り立ちます。問い3まで，この式を使用します。

$I_E = I_B + I_C$ ⇒ $I_B = I_E - I_C$

この式よりI_Bを求めます。

$I_B = I_E - I_C = 2.52 \, (mA) - 2.48 \, (mA) = 0.04 \, (mA)$

I_Bの単位を設問の(μA)に変換します。

$I_B = 0.04 \times 10^3 = 40 \, (\mu A)$

μとmの関係は本文のコラムCを参照してください。

【解答：②】

類似問題 H26-1-基礎-問2(5)，H23-2-基礎-問2(5)，H19-2-基礎-問2(5)

問い2	答え
トランジスタ回路において，ベース電流が40マイクロアンペア，エミッタ電流が2.62ミリアンペアのとき，コレクタ電流は □ ミリアンペアである。 H30-1-基礎-問2(5)	① **2.22** ② **2.58** ③ **2.66**

解説

各電流の関係式よりコレクタ電流 I_C を求めます。

$I_E = I_B + I_C \Rightarrow I_C = I_E - I_B$

I_B の単位が (μA) なので，I_C，I_E と同じ (mA) に変換します。

$I_B = 40 (\mu A) \times 10^{-3} = 0.04 (mA)$

各電流の単位がそろったので，上式で I_C を求めます。

$I_C = I_E - I_B = 2.62 (mA) - 0.04 (mA) = 2.58 (mA)$

【**解答：**②】

類似問題 H28-1-基礎-問2(5)，H26-2-基礎-問2(5)，H24-1-基礎-問2(5)，H23-1-基礎-問2(5)，H19-1-基礎-問2(5)

問い3	答え
トランジスタ回路において，エミッタ電流が2.03ミリアンペア，コレクタ電流が1.98ミリアンペアのとき，ベース電流は □ マイクロアンペアである。 H25-2-基礎-問2(5)	① **5** ② **50** ③ **500**

解説

各電流の関係式よりベース電流 I_B を求めます。

$I_E = I_B + I_C \Rightarrow I_B = I_E - I_C$

$I_B = I_E - I_C = 2.03 (mA) - 1.98 (mA) = 0.05 (mA)$

ベース電流の単位を設問の (μA) に合わせます。

$I_B = 0.05 (mA) \times 10^3 = 50 (\mu A)$

【**解答：**②】

類似問題 H21-2-基礎-問2(5)，H18-1-基礎-問2(5)

問い4	答え
ベース接地トランジスタ回路において，コレクター–ベース間の電圧V_{CB}を一定にして，エミッタ電流を2ミリアンペア変化させたところ，コレクタ電流が1.96ミリアンペア変化した。このトランジスタ回路の電流増幅率は，□ である。	①0.04 ②0.98 ③49 H29-1-基礎-問2(5)

解説

電流増幅率は，「電流増幅率 $= \dfrac{\text{出力電流}}{\text{入力電流}}$」になります。ベース接地トランジスタ回路は本文の表1を参照してください。ベース接地トランジスタ回路の入力電流はエミッタ電流I_Eで，出力電流はコレクタ電流I_Cです。ベース接地方式での電流増幅率αは次の式になります。

$$\alpha = \frac{I_C}{I_E} = \frac{1.96\,(\text{mA})}{2\,(\text{mA})} = 0.98$$

【解答：②】

問い5	答え
トランジスタ増幅回路に0.3ボルトの電圧を加えたとき，出力側に30ボルトの電圧が得られた。この増幅回路の電圧利得は□デシベルとなる。	①10 ②20 ③40 H20-1-基礎-問2(5)

解説

増幅回路の入力電圧V_Iと出力電圧V_Oから増幅回路の電圧利得Aを求める式は，次のとおりで，単位は〔dB〕（デシベル）になります。

$$A = 20 \log_{10} \frac{V_O}{V_I}\ (\text{dB})$$

ここで，$\log_{10}$は常用対数といい，$Y = 10^X$のような指数のYからXを求める式で，次の関係があります。

$$Y = 10^X \quad \Leftrightarrow \quad X = \log_{10} Y$$

実際のXを求める例を2つ示します。

$$100 = 10^X \quad \Rightarrow \quad X = \log_{10} 100 = 2$$
$$1000 = 10^X \quad \Rightarrow \quad X = \log_{10} 1000 = 3$$

電圧利得 A を求める式に，V_I と V_O の値を代入して計算します。

$$A = 20 \log_{10} \frac{V_O}{V_I} \text{(dB)} = 20 \log_{10} \frac{30 \text{(V)}}{0.3 \text{(V)}} = 20 \log_{10} 100 = 20 \times 2 = 40 \text{(dB)}$$

【解答：③】

03 論理回路

→ ベン図と論理式

問い1	答え
図1，図2及び図3に示すベン図において，A，B及びCが，それぞれの円の内部を表すとき，図1，図2及び図3の塗りつぶした部分を示すそれぞれの論理式の論理和は， ☐ と表すことができる。 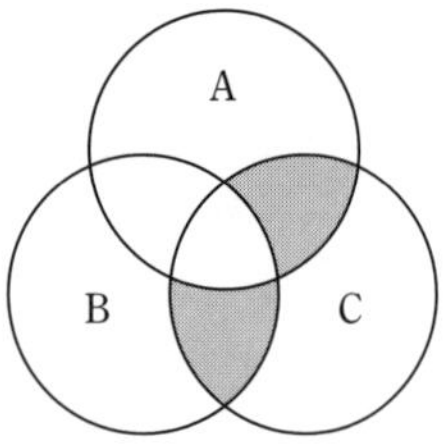	① $A \cdot B \cdot C$ ② $A \cdot B + A \cdot C + B \cdot C$ ③ $A \cdot B \cdot C + \overline{A} \cdot \overline{B} \cdot \overline{C}$

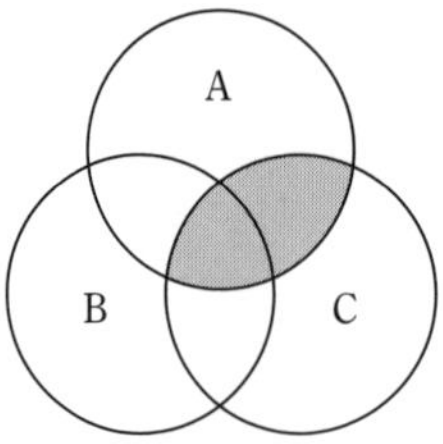

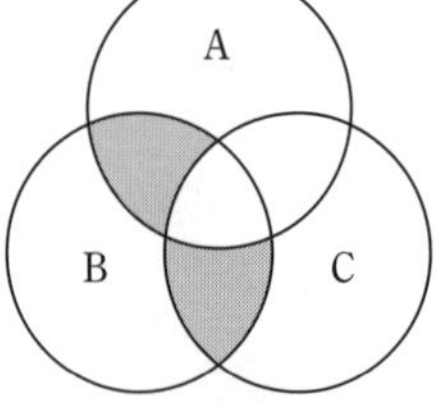

図1

図2

図3

R3-1-基礎-問3（1）

解説

　複数のベン図の論理和は，各ベン図に含まれる斜線部分を合わせて求めます。結果は図Aの斜線部になります。式による解き方，ベン図による解き方の2つを解説します。

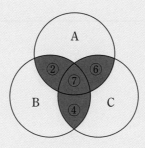
図A：論理和の結果

式による解き方

図Aの塗りつぶした部分に書いた②，④，⑥，⑦の論理式は，本文の「図3　ベン図の領域①〜⑦」に対応しており，次のとおりです。

②A·B·$\overline{C}$　　④$\overline{A}$·B·C　　⑥A·$\overline{B}$·C　　⑦A·B·C

　論理和の式をXとして，論理演算の法則を，次のステップで適用してゆきます。各ステップにおいて，式中の赤は次に演算する部分，式後は適用する法則（本文中の式）の説明です。

a)　X = A·B·$\overline{C}$ + $\overline{A}$·B·C + A·$\overline{B}$·C + A·B·C　　　　　　　　べき等則（式8）

b)　X = A·B·$\overline{C}$ + $\overline{A}$·B·C + A·$\overline{B}$·C + A·B·C + A·B·C + A·B·C

c)　X = A·B·$\overline{C}$ + $\overline{A}$·B·C + A·$\overline{B}$·C + A·B·C + A·B·C + A·B·C　結合則（式14）

d)　X = A·B·($\overline{C}$ + C) + $\overline{A}$·B·C + A·$\overline{B}$·C + A·B·C + A·B·C　基本式（式6）

e)　X = A·B·(1) + $\overline{A}$·B·C + A·$\overline{B}$·C + A·B·C + A·B·C　　　　基本式（式3）

f)　X = A·B + $\overline{A}$·B·C + A·$\overline{B}$·C + A·B·C + A·B·C　　　　　　c)〜e)と同じ演算

g)　X = A·B + B·C + A·$\overline{B}$·C + A·B·C　　　　　　　　　　　　c)〜e)と同じ演算

h)　X = A·B + B·C + A·C　　　　　　　　　　　　　　　　　　　　交換則（式9）

i)　X = A·B + A·C + B·C

ベン図による解き方

　図Aは，斜線②，⑦のように2つのベン図の論理積で表せます。図Aから1つのベン図を除き（点線）2つのベン図（実線）とした図Bにします。結果の論理式Xは，各ベン図の論理積から次のように求まります。

　　X = A·B + A·C + B·C

　簡単に求まるかは，結果のベン図によります。そのため，式による解き方は，できるようにしてください。

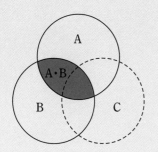
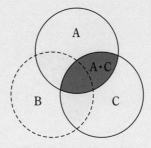
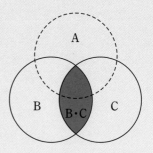

図B：図Aを2つのベン図で表現

【解答：②】

類似問題 H30-2-基礎-問3(1)，H29-1-基礎-問3(1)，H27-2-基礎-問3(1)，H26-2-基礎-問3(1)，
H25-1-基礎-問3(1)，H24-1-基礎-問3(2)，H23-1-基礎-問3(2)

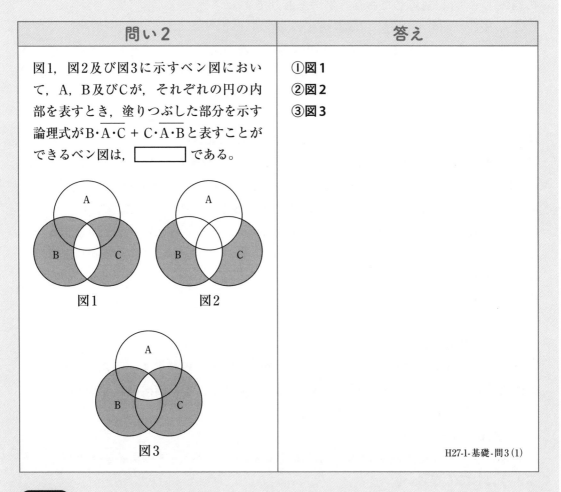

問い2	答え
図1，図2及び図3に示すベン図において，A，B及びCが，それぞれの円の内部を表すとき，塗りつぶした部分を示す論理式がB·$\overline{A·C}$ + C·$\overline{A·B}$と表すことができるベン図は，□□□□である。	①図1 ②図2 ③図3

図1

図2

図3

H27-1-基礎-問3(1)

解説

論理式に含まれる論理積の部分ベン図にすると，図のとおりになります。

B·$\overline{A·C}$　　Bで，AかつCを含まない部分。

C·$\overline{A·B}$　　Cで，AかるBを含まない部分。

これらの論理和なので，論理式のベン図は，各ベン図の塗りつぶした部分を合わせ

たものです。

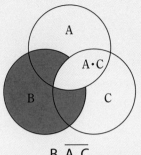 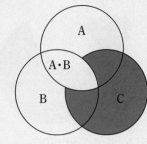 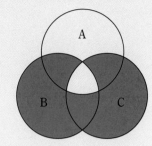

$$B \cdot \overline{A \cdot C}$$ $$C \cdot \overline{A \cdot B}$$ $$A \cdot \overline{B \cdot C} + C \cdot \overline{A \cdot B}$$

図：各論理積をベン図で表現

【解答：③】

類似問題 > H31-1-基礎-問3(1)，H29-2-基礎-問3(1)，H28-1-基礎-問3(1)，H26-1-基礎-問3(1)，
H21-1-基礎-問3(2)

問い3	答え
図に示すベン図において，A，B及びCは，それぞれの円の内部を表すとき，塗りつぶした部分を示す論理式は，□□□□である。 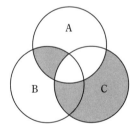	① $A \cdot B \cdot C + \overline{A} \cdot C$ ② $\overline{A} \cdot B \cdot C + \overline{A} \cdot C$ ③ $A \cdot B \cdot \overline{C} + \overline{A} \cdot C$ H21-2-基礎-問3(2)

解説

　式による方法とベン図による解き方を解説します。

式による解き方

　図の塗りつぶした部分である，図の②，④，⑤を論理積で表すと次のようになります。本文の図3を参照してください。

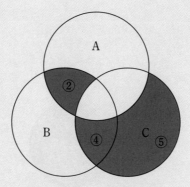

図A：図1の値1の部分

②A·B·$\overline{C}$ ④$\overline{A}$·B·C   ⑤$\overline{A}$·$\overline{B}$·C

　ベン図を表す論理式Xは，②，④，⑤の各式の論理和で，次のa) になります。論理演算の法則を，ステップで適用してゆきます。各ステップにおいて，式中の赤は次に演算する部分，式後は適用する法則 (本文中の式) の説明です。

a) X = A·B·$\overline{C}$ + $\overline{A}$·B·C + $\overline{A}$·$\overline{B}$·C　　分配則で$\overline{A}$Cをかっこ外 (式14)

b) X = A·B·$\overline{C}$ + $\overline{A}$·C·(B + $\overline{B}$)　　　基本則 (式6)

c) X = A·B·$\overline{C}$ + $\overline{A}$·C·1　　　　　基本則 (式3)

d) X = A·B·$\overline{C}$ + $\overline{A}$·C

ベン図による解き方

　図1は，図Bの2つのベン図の論理和であることがわかります。各ベン図の論理和が論理式Xになります。この問題では簡略な計算ですが，簡単に求まるかはベン図によります。

　X = A·B·$\overline{C}$ + $\overline{A}$·C

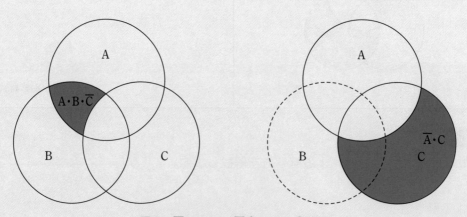

図B：図1のベン図を2つに分ける

【解答：③】

類似問題　H21-1-基礎-問3 (2)，H18-2-基礎-問3 (4)，H18-1-基礎-問3 (4)，H17-2-基礎-問3 (4)

➔ 2進数の計算

問い1	答え
表に示す$X_1 \sim X_3$のうち，値の最も大きいものは， ☐ である。<table><tr><td>X_1</td><td>3 5 3（10進数）</td></tr><tr><td>X_2</td><td>1 0 1 1 0 0 0 0 0（2進数）</td></tr><tr><td>X_3</td><td>$2^0 + 2^1 + 2^2 + 2^3 + 2^4 + 2^6 + 2^8$</td></tr></table>	① X_1 ② X_2 ③ X_3 R2-2-基礎-問3（2）

解説

2進数表現のX_2，X_3を，10進数に変換して比較します。

X_2を10進数へ変換

桁の重みとX_2の値の関係は表Aになります。X_2で1の値になる桁の重みを加算することで，次のようにX_2の10進数が求まります。

表A：X_2の桁の重み

X_2（2進数）	1	0	1	1	0	0	0	0	0
桁の重み	256	128	64	32	16	8	4	2	1
X_2の持つ重み	256	0	64	32	0	0	0	0	0

$X_2 = 256 + 64 + 32 = 352$

X_3を10進数へ変換

X_3は，2^nで桁の重みを表しており，桁の重みと値の関係は表Bになります。X_3の持つ桁の重みを加算することで，次のようにX_3の10進数が求まります。

表B：X_3の桁の重み

X_3（桁の重み）	2^8	0	2^6	0	2^4	2^3	2^2	2^1	2^0
桁の重み	256	128	64	32	16	8	4	2	1
X_2の持つ重み	256	0	64	0	16	8	4	2	1

$$X_2 = 256 + 64 + 16 + 8 + 4 + 2 + 1 = 351$$

$X_1 \sim X_3$ は，次の大小関係になります。
$$X_1 = 353 > X_2 = 352 > X_3 = 351$$

【解答：①】

類似問題 H22-1-基礎-問3 (1)

問い2	答え
表に示す2進数 X_1，X_2について，各桁それぞれに論理積を求め2進数で表記した後，10進数に変換すると，□ になる。 **2進数** $X_1 = 1\ 1\ 0\ 1\ 0\ 1\ 0\ 1\ 1$ $X_2 = 1\ 0\ 1\ 1\ 1\ 1\ 1\ 0\ 1$	①**297** ②**511** ③**594** H30-2-基礎-問3 (2)

解説

X_1 と X_2 の論理積は，各桁の計算で，次のとおりです。

```
X₁          1 1010 1011
X₂    ·     1 0111 1101
Xd          1 0010 1001
```

論理積の結果を10進数に変換します。桁の重みと結果の関係を表Cに示します。結果で1となった桁の重みを加算して，次のように10進数 X_d を求めます。

表C：論理積の結果と桁の重み

X_d（2進数）	1	0	0	1	0	1	0	0	1
桁の重み	256	128	64	32	16	8	4	2	1
X_dの持つ重み	256	0	0	32	0	8	0	0	1

$$X_d = 256 + 32 + 8 + 1 = 297$$

【解答：①】

類似問題 R3-1-基礎-問3 (2)，H28-1-基礎-問3 (2)，H26-2-基礎-問3 (2)，H23-2-基礎-問3 (1)

問い3	答え
表に示す2進数X_1，X_2について，各桁それぞれに論理和を求め2進数で表記した後，10進数に変換すると，□ になる。 **2進数** $X_1 = 1\ 1\ 0\ 0\ 0\ 1\ 1\ 0\ 0$ $X_2 = 1\ 0\ 1\ 0\ 1\ 0\ 1\ 0\ 1$	① 260 ② 477 ③ 737 H31-1-基礎-問3(2)

解説

X_1とX_2の論理和は，各桁の計算で，次のとおりです。

X_1		1 1000 1100
X_2	+	1 0101 0101
X_d		1 1101 1101

論理和の結果を10進数に変換します。桁の重みと結果の関係を表Dに示します。結果で1となった桁の重みを加算して，次のように10進数X_dを求めます。

表D：論理和の結果と桁の重み

X_d（2進数）	1	1	1	0	1	1	1	0	1
桁の重み	256	128	64	32	16	8	4	2	1
X_dの持つ重み	256	128	64	0	16	8	4	0	1

$X_d = 256 + 128 + 64 + 16 + 8 + 4 + 1 = 477$

なお2進数において，値が1となる桁が多いときの計算数を簡略化する次の方法があります。重み256の左の桁は重みが512なので，511は次のようになります。
- 「10進数　512」は，「2進数　10 0000 0000」
- 「10進数　511」は，「2進数　01 1111 1111」

511より論理和で0となった桁の重みを減算することでも，求まります。

$X_d = 511 - 32 - 2 = 477$

【解答：②】

類似問題 　H29-1-基礎-問3(2)，H24-2-基礎-問3(2)

問い4	答え
表に示す2進数のX_1，X_2を用いて，計算式（加算）$X_0 = X_1 + X_2$からX_0を求め，2進数で表示すると，X_0の左から7番目と8番目の数字は，　　　　である。 **2進数** $X_1 =$ 10011101 $X_2 =$ 101101111	① 00 ② 01 ③ 10 ④ 11 <div align="right">H25-1-基礎-問3(2)</div>

解説

X_1とX_2の加算は，次の流れで行います。なお，赤字は計算箇所で，桁上げの黒字は計算結果による桁上げです。　$X_0 = 10\ 0000\ 1100$になります。

2進数の加算

```
桁上げ           1                11               11               11
X₁        10011101          10011101          10011101          10011101
X₂      + 101101111  ⇒    + 101101111  ⇒    + 101101111  ⇒    + 101101111   ⇒続く
X₀               0                00               100              1100
```

```
              11                11               11               11
         10011101          10011101          10011101          10011101
続き⇒  + 101101111  ⇒    + 101101111  ⇒    + 101101111  ⇒    + 101101111   ⇒続く
           01100            001100           0001100          00001100
```

```
            11                 1
         10011101          10011101
続き⇒  + 101101111  ⇒    + 101101111
        000001100         1000001100
```

表EにX_0と左からの桁の番号を示します。赤が7番目と8番目です。

表E：X_0と桁の番号

左からの順序番号	1	2	3	4	5	6	7	8	9	10
X_0	1	0	0	0	0	0	1	1	0	0

【解答：④】

類似問題 　 H24-1-基礎-問3(1)

問い5	答え
10進数のある数Xが次式で示されるとき，この数を2進数で表すと ☐ である。 $X = 2^0 + 2^1 + 2^2 + 2^3 + 2^4 + 2^5 + 2^8$	① 111111001 ② 100111111 ③ 100111110 <div align="right">H21-2-基礎-問3(1)</div>

解説

Xは桁の重みで2進数を表しており，桁ごとに項を本文の表6のように並べることで，項のある桁が値1となります。表Fより，2進数は，1 0011 1111。

表F：Xの桁の重み

X（式の表現）	2^8	0	0	2^5	2^4	2^3	2^2	2^1	2^0
X（2進数）	1	0	0	1	1	1	1	1	1

【解答：②】

問い6	答え
10進数の255を2進数に変換すると ☐ になる。	① 1111111 ② 11111111 ③ 111111111 <div align="right">H21-1-基礎-問3(1)</div>

解説

本文の表6を参考にします。まず，255に含まれる最大の重みを見つけます。重みがある2進数の桁を値1にします。10進数から見つけた重みを減算します。10進数が0になるまで，同様の計算を続けます。

なお10進数の255は，次のように2進数の区切りの値です。暗記してください。
「2進数 1111 1111」⇔「10進数 255」

【解答：②】

類似問題 H20-1-基礎-問3(1)，H19-2-基礎-問3(1)，H19-1-基礎-問3(1)

問い7	答え
2進数の1111101を10進数に変換すると □ になる。	① **125** ② **126** ③ **127** <div style="text-align:right">H20-2-基礎-問3(1)</div>

解説

本文の表6を参考に，2進数の値が1の桁の重みを次のように加算します。

$64 + 32 + 16 + 8 + 4 + 1 = 125$

【解答：①】

類似問題 H18-2-基礎-問3(1)

→ 論理回路図

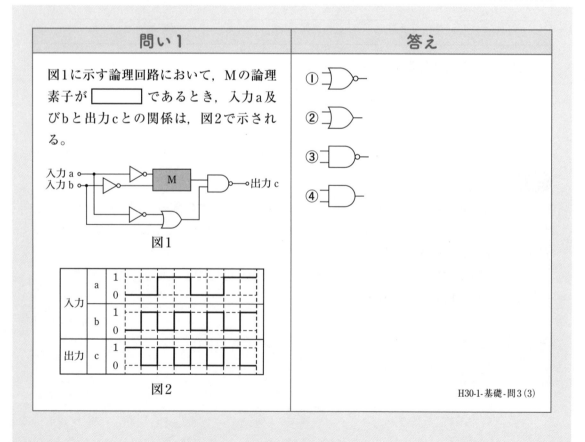

問い1	答え
図1に示す論理回路において，Mの論理素子が □ であるとき，入力a及びbと出力cとの関係は，図2で示される。 図1 図2	① ② ③ ④ <div style="text-align:right">H30-1-基礎-問3(3)</div>

解説

タイミングチャートから真理値表を作成するために，タイミングチャートに値を記入します。図Fの赤字です。真理値表の入力は表Gの並びにします。図Fより該当する出力を表Gに記入します。

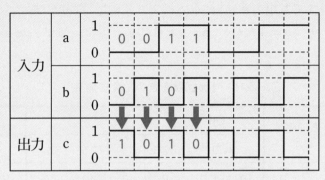

図F：タイミングチャートに値を記入

表G：入力と出力の真理値表

入力		出力
a	b	c
0	0	1
0	1	0
1	0	1
1	1	0

回路図の内部信号と論理素子に，図Gのとおり名称を付けます。

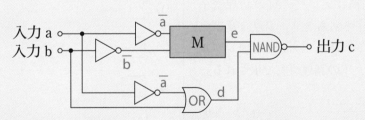

図G：内部信号，論理素子に名称記入

回路図から表Hの真理値表を作成します。入力，入力の否定，論理素子の入力と出力の信号名を記入し，入力と出力は表Gの値を記入しておきます。次のステップで順番に表を埋めてゆきます。表Hの論理素子名の右に赤でステップを示しました。

① ORの入力に $\bar{a}$，bの値を転記し，論理和の出力dを記入します。論理和は，一つの入力が1であれば，出力は1になります。

②NANDの入力dに①の出力dを転記します。NANDは入力がともに1のときだけ，出力が0になるので，入力eを求めます。値Xは，1と0のどちらでも成立することを示します。

③Mの出力eに②で求めた入力eを転記します。入力$\bar{a}$ = 1，$\bar{b}$ = 0で出力e = 1より，入力$\bar{a}$ = 0，$\bar{b}$ = 1でも出力e = 1になるので，X = 1になります。

④Mの入力$\bar{a}$ = 1かつ$\bar{b}$ = 1だけ，出力e = 0になるので，Mは否定論理積（NAND）です。

表H：内部回路を含めた真理値表

入力		入力の否定		OR ①			M ③			NAND ②		
				入力		出力	入力		出力	入力		出力
a	b	$\bar{a}$	$\bar{b}$	$\bar{a}$	b	d	$\bar{a}$	$\bar{b}$	e	d	e	c
0	0	1	1	1	0	1	1	1	0	1	0	1
0	1	1	0	1	1	1	1	0	1	1	1	0
1	0	0	1	0	0	0	0	1	X→1	0	X	1
1	1	0	0	0	1	1	0	0	1	1	1	0

【解答：③】

類似問題 H28-1-基礎-問3（3），H27-2-基礎-問3（3），H27-1-基礎-問3（3），H23-1-基礎-問3（3），H22-2-基礎-問3（3）

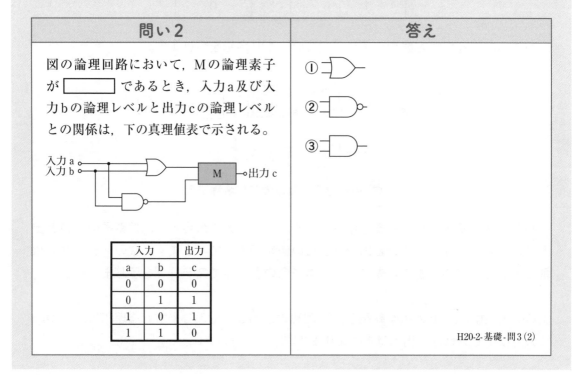

問い2	答え

図の論理回路において，Mの論理素子が 　　　　 であるとき，入力a及び入力bの論理レベルと出力cの論理レベルとの関係は，下の真理値表で示される。

入力a
入力b
M ─○出力c

入力		出力
a	b	c
0	0	0
0	1	1
1	0	1
1	1	0

①
②
③

H20-2-基礎-問3（2）

解説

回路図の内部信号と論理素子に，図Hのとおり名称を付けます。

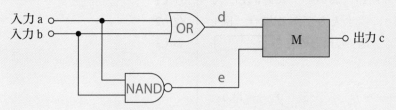

図H：内部信号，論理素子に名称記入

図Hの回路図から表Iの真理値表を作成します。入力，論理素子の入力と出力の信号名を記入し，入力a，bと出力cは真理値表の値を記入しておきます。次のステップで順番に表を埋めてゆきます。表Iの論理素子名の右に赤でステップを示しました。

①ORの入力にa，bの値を転記し，論理和の出力dを記入します。論理和は，一つの入力が1であれば，出力は1になります。

②NANDの入力にa，bの値を転記し，論理積の出力eを記入します。NANDは入力がともに1のときだけ，出力が0になります。

③Mの入力に①と②の出力d,eを転記します。

④Mの入力d＝1かつe＝1だけ，出力c＝1になるので，Mは論理積（AND）です。

表I：内部回路を含めた真理値表

入力		OR ①			NAND ②			M ③		
		入力		出力	入力		出力	入力		出力
a	b	a	b	d	a	b	e	d	e	c
0	0	0	0	0	0	0	1	0	1	0
0	1	0	1	1	0	1	1	1	1	1
1	0	1	0	1	1	0	1	1	1	1
1	1	1	1	1	1	1	0	1	0	0

【解答：③】

類似問題 H20-1-基礎-問3(3)，H19-2-基礎-問3(4)，H19-1-基礎-問3(2)，H18-1-基礎-問3(2)

問い3	答え
図1の論理回路において，入力a及び入力bに図2に示す入力がある場合，図1の出力cは，図2の出力のうち □ である。 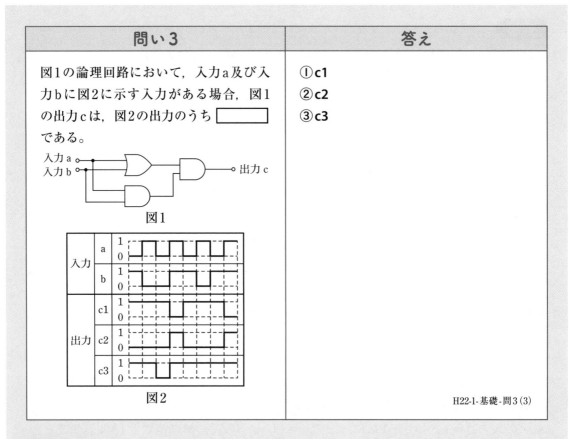 図1 図2	①c1 ②c2 ③c3 H22-1-基礎-問3（3）

解説

　回路図をもとに，入力a.bの値を記入した表Jの真理値表を作成し，次のステップで論理演算を行い，結果を記入してゆきます。ステップを赤字で論理素子名の後ろに記載しました。

①OR（入力側）の演算を行い出力dを求めます。

②AND（入力側）の演算を行い出力eを求めます。

③AND（出力側）の入力を①，②で求めたd，eとして，出力cを求めます。

表J：内部回路を含めた真理値表

入力		OR（入力側）　①			AND（入力側）　②			AND（出力側）　③		
		入力		出力	入力		出力	入力		出力
a	b	a	b	d	a	b	e	d	e	c
0	0	0	0	0	0	0	0	0	0	0
0	1	0	1	1	0	1	0	1	0	0
1	0	1	0	1	1	0	0	1	0	0
1	1	1	1	1	1	1	1	1	1	1

入力と出力の真理値表として表Kにまとめます。

表K：入力と出力の真理値表

入力		出力
a	b	c
0	0	0
0	1	0
1	0	0
1	1	1

表Kより，入力a，bがともに値1のときだけ，出力cは1になるので，図Iのタイミングチャートになります。

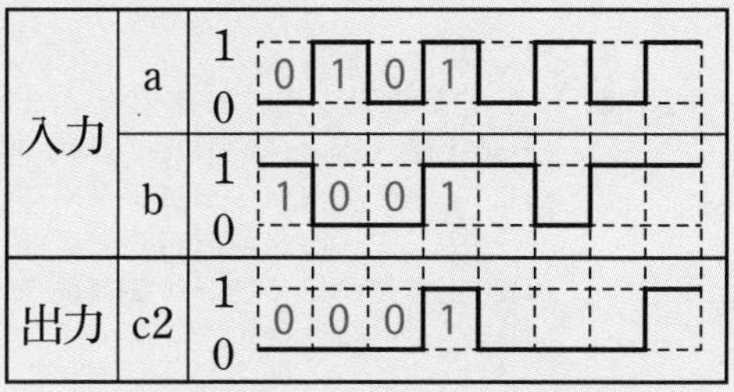

図I：値を記入したタイミングチャート

【解答：②】

類似問題　H21-2-基礎-問3(3)，H20-2-基礎-問3(3)，H20-1-基礎-問3(4)

➡ 論理式

問い1	答え
次の論理関数Xは，ブール代数の公式等を利用して変形し，簡単にすると， $\boxed{}$ になる。 $X = \overline{(A + B) \cdot (A + \overline{C})} + \overline{A} + B$	① $\overline{A} + B$ ② $\overline{A} + B \cdot C$ ③ $\overline{A} + B + C$ R2-2-基礎-問3(4)

解説

設問の式を，一つの法則ごとにステップで変形してゆきます。各ステップの式の赤

字は次に演算する部分です。後の説明は，次に適用する法則（本文の式）です。

①$X = \overline{(A+B) \cdot (A+\overline{C})} + \overline{A} + B$ ド・モルガンの法則（式18）

②$X = \overline{(A+B)} + \overline{(A+\overline{C})} + \overline{A} + B$ ド・モルガンの法則（式18）

③$X = \overline{A} \cdot \overline{B} + \overline{(A+\overline{C})} + \overline{A} + B$ ド・モルガンの法則（式18）

④$X = \overline{A} \cdot \overline{B} + \overline{A} \cdot \overline{\overline{C}} + \overline{A} + B$ 二重否定の基本則（式7）

①$X = \overline{A} \cdot \overline{B} + \overline{A} \cdot C + \overline{A} + B$ 分配則でまとめる（式14）

⑤$X = \overline{A} \cdot (\overline{B} + C + 1) + B$ 基本則（式4）

⑥$X = \overline{A} \cdot 1 + B$ 基本則（式3）

⑦$X = \overline{A} + B$

なお，毎回，出題の式が異なるので，類似問題で練習を重ねてください。

【解答：①】

類似問題 R3-1-基礎-問3(4)，R1-2-基礎-問3(4)，H31-1-基礎-問3(4)，H30-2-基礎-問3(4)，H30-1-基礎-問3(4)，H28-2-基礎-問3(4)，H27-2-基礎-問3(4)，H27-1-基礎-問3(4)，H26-2-基礎-問3(4)，H26-1-基礎-問3(4)，H25-2-基礎-問3(4)，H25-1-基礎-問3(4)，H24-2-基礎-問3(4)，H24-1-基礎-問3(4)，H23-2-基礎-問3(4)，H21-1-基礎-問3(4)，H20-1-基礎-問3(3)，H19-2-基礎-問3(3)，H19-1-基礎-問3(3)，H18-2-基礎-問3(3)，H17-2-基礎-問3(1)

問い2	答え
表は，2入力の論理回路における入力論理レベルA及びBと出力論理レベルCとの関係を表した真理値表を示したものである。この論理回路の論理式が， $C = \overline{\overline{A} + B} + \overline{A} \cdot B$ で表されるとき，出力論理レベルCは，表2の出力論理レベルのうちの □ である。	①C1 ②C2 ③C3

入力論理レベル		出力論理レベル		
A	B	C1	C2	C3
0	0	0	0	1
0	1	1	1	0
1	0	0	1	0
1	1	0	0	1

R1-2-基礎-問3(2)

解説

設問の式を，一つの法則ごとにステップで変形してゆきます。各ステップの式の赤字は次に演算する部分です。後の説明は，次に適用する法則（本文の式）です。

①$C = \overline{\overline{A} + B} + \overline{A} \cdot B$　ド・モルガンの法則（式18）
②$C = \overline{\overline{A}} \cdot \overline{B} + \overline{A} \cdot B$　　基本則（式7）
③$C = A \cdot \overline{B} + \overline{A} \cdot B$

③の式中の論理和の項は次のとおりです。

$A \cdot \overline{B}$は，A＝1かつB＝0でC＝1です。

$\overline{A} \cdot B$は，A＝0かつB＝1でC＝1です。

式Cは，上の2つの条件の論理和なので，真理値表の出力Cは表Lになります。

表L：真理値表

入力		出力	備考
A	B	C	
0	0	0	$\overline{A} \cdot B$とA$\cdot \overline{B}$が0
0	1	1	$\overline{A} \cdot B$が1，A$\cdot \overline{B}$が0
1	0	1	A$\cdot \overline{B}$が1，$\overline{A} \cdot B$が0
1	1	0	$\overline{A} \cdot B$とA$\cdot \overline{B}$が0

【解答：②】

類似問題 H19-2-基礎-問3（2）

問い3	答え
表に示す論理式のうち，ブール代数の公式等を利用して変形し，簡単にする過程で，次に示す論理式で表すことができるものは， ◻ の論理式である。 $\overline{\overline{A}\cdot B} + \overline{B}\cdot C + \overline{\overline{A}\cdot\overline{B}} + \overline{B}\cdot\overline{C}$	①イ ②ロ ③ハ

	論理式
イ	$\overline{(A + \overline{B})\cdot(B + \overline{C}) + (A + B)\cdot(B + C)}$
ロ	$\overline{(A + \overline{B})\cdot(B + \overline{C})} + \overline{(A + B)\cdot(B + C)}$
ハ	$\overline{(A + \overline{\overline{B}})\cdot(B + \overline{\overline{C}})} + \overline{(A + B)\cdot(B + C)}$

解説

　表の選択肢より，論理和と論理積の式を否定しているので，ド・モルガンの法則に変形をしている過程であることがわかります。設問の式を一つの法則ごとにステップで変形してゆきます。各ステップの式の赤字は次に演算する部分です。後の説明は，次に適用する法則（本文の式）です。

① $\overline{\overline{A}\cdot B} + \overline{B}\cdot C + \overline{\overline{A}\cdot\overline{B}} + \overline{B}\cdot\overline{C}$	AとBを2回否定します。（式7）
② $\overline{\overline{\overline{A}}\cdot\overline{\overline{B}}} + \overline{B}\cdot C + \overline{\overline{A}\cdot\overline{B}} + \overline{B}\cdot\overline{C}$	ド・モルガンの法則（式19）
③ $\overline{(\overline{\overline{A}} + \overline{\overline{B}})} + \overline{B}\cdot C + \overline{\overline{A}\cdot\overline{B}} + \overline{B}\cdot\overline{C}$	Aの2回の否定を取ります。（式7）
④ $\overline{(A + \overline{\overline{B}})} + \overline{B}\cdot C + \overline{\overline{A}\cdot\overline{B}} + \overline{B}\cdot\overline{C}$	①～③と同じ演算をします。
⑤ $\overline{(A + \overline{B})} + \overline{(B + \overline{C})} + \overline{\overline{A}\cdot\overline{B}} + \overline{B}\cdot\overline{C}$	ド・モルガンの法則（式19）
⑥ $\overline{(A + \overline{B})} + \overline{(B + \overline{C})} + \overline{(A + B)} + \overline{B}\cdot\overline{C}$	ド・モルガンの法則（式19）
⑦ $\overline{(A + \overline{B})} + \overline{(B + \overline{C})} + \overline{(A + B)} + \overline{(B + C)}$	ド・モルガンの法則（式18）
⑧ $\overline{(A + \overline{B})\cdot(B + \overline{C})} + \overline{(A + B)} + \overline{(B + C)}$	ド・モルガンの法則（式18）
⑨ $\overline{(A + \overline{B})\cdot(B + \overline{C})} + \overline{(A + B)\cdot(B + C)}$	

【解答：②】

類似問題 H22-2-基礎-問3（4），H22-1-基礎-問3（4），H21-2-基礎-問3（4）
　　　　　　なお，これらの類似問題は設問の式がシンプルなので，選択肢を順番に簡素化して正解を得る方が効率的です。

→ 電気通信回線

問い1	答え
図において，電気通信回線への入力電力が25ミリワット，その伝送損失が1キロメートル当たり ☐ デシベル，増幅器の利得が26デシベルのとき，電力計の読みは，2.5ミリワットである。ただし，入出力各部のインピーダンスは整合しているものとする。	① 0.4 ② 0.8 ③ 1.2

発振器 ～ 電気通信回線 20[km]　増幅器　10[km] 電気通信回線 W 電力計

H31-1-基礎-問4(1)

解説

電気通信回線全体の入力と出力の利得P〔dB〕を求める式を立てます。本文の式1です。

$$P = 10 \log_{10} \frac{P_{out}〔mW〕}{P_{in}〔mW〕} 〔dB〕 = 10 \log_{10} \frac{2.5〔mW〕}{25〔mW〕} 〔dB〕 = 10 \log_{10} \frac{1}{10} 〔dB〕$$

Pは本文の式3dより-10〔dB〕になります。

$$P = 10 \log_{10} \frac{1}{10} 〔dB〕 = -10 〔dB〕$$

全体の利得P = -10〔dB〕と増幅器の利得G = 26〔dB〕から，電気通信回線の伝送損失L〔dB〕を求めます。本文の式5を変形して式を作ります。

$$P = G - L 〔dB〕 \Rightarrow L = G - P 〔dB〕$$

変形した式へ，P = -10〔dB〕とG = 26〔dB〕を代入します。

$L = G - P = 26 - (-10) = 26 + 10 = \textbf{36}\,(dB)$

全体の伝送路長 $\ell\,(km)$ を求めます。本文の式6aです。

$\ell = \ell_1 + \ell_2 = 20\,(km) + 10\,(km) = \textbf{30}\,(km)$

電気通信回線の1(km)当たりの伝送損失 $L_n\,(dB/km)$ を求めます。本文の式7です。

$L_n\,(dB/km) = \dfrac{L\,(dB)}{\ell\,(km)} = \dfrac{36\,(dB)}{30\,(km)} = \textbf{1.2}\,(dB/km)$

【解答：③】

類似問題 H30-1-基礎-問4(1)，H29-1-基礎-問4(1)，H27-1-基礎-問4(1)，H26-2-基礎-問4(1)

問い2	答え
図において，電気通信回線への入力電力が [　　　] ミリワット，その伝送損失が1キロメートル当たり0.6デシベル，増幅器の利得が11デシベルのとき，電力計の読みは，1.6ミリワットである。ただし，入出力各部のインピーダンスは整合しているものとする。	① 1.6 ② 16 ③ 160

27(km) — 電気通信回線 — 増幅器 — 8(km) — 電気通信回線 — 発振器 (～) ... 電力計 (W)

H21-2-基礎-問4(1)

解説

全体の伝送路長 $\ell\,(km)$ を求めます。本文の式6aです。

$\ell = \ell_1 + \ell_2 = 27\,(km) + 8\,(km) = \textbf{35}\,(km)$

電気通信回線1(km)当たりの伝送損失 $L_n = 0.6\,(dB/km)$ より，電気通信回線の伝送損失 $L\,(dB)$ を求めます。本文の式7を変形した式です。

$L = L_n\,(dB/km) \times \ell\,(km) = 0.6\,(dB/km) \times 35\,(km) = \textbf{21}\,(dB)$

増幅器の利得 $G = 11\,(dB)$ と伝送損失 $L = 21\,(dB)$ より，全体の利得 $P\,(dB)$ を求めます。本文の式5です。

$P = G - L = 11 - 21 = \textbf{-10}\,(dB)$

$P_{in}\,(mW)$ と $P_{out}\,(mW)$ から全体の利得 $P\,(dB)$ を求める本文の式1へ，$P_{out} = 1.6\,(mW)$

と P = -10 〔dB〕を代入します。

$$P 〔dB〕 = 10 \log_{10} \frac{P_{out} 〔mW〕}{P_{in} 〔mW〕} \quad \Rightarrow \quad -10 〔dB〕 = 10 \log_{10} \frac{1.6 〔mW〕}{P_{in} 〔mW〕}$$

本文の式 3d より次の式になります。

$$\frac{1.6 〔mW〕}{P_{in} 〔mW〕} = \frac{1}{10} \quad \Rightarrow \quad P_{in} 〔mW〕 = 1.6 〔mW〕 \times 10 = 16 〔mW〕$$

また，本文の式 3d を使用しない解き方は，式を変形した後，対数を指数に変換して求める本来の方法があります。

$$-1 = \log_{10} \frac{1.6}{P_{in}} \quad \Rightarrow \quad \frac{1.6 〔mW〕}{P_{in} 〔mW〕} = 10^{-1} \quad \Rightarrow \quad \frac{1.6 〔mW〕}{P_{in} 〔mW〕} = 0.1$$

$$\Rightarrow \quad P_{in} = \frac{1.6 〔mW〕}{0.1} = 1.6 〔mW〕 \times 10 = 16 〔mW〕$$

【解答：②】

類似問題 ＞ H20-2-基礎-問4(1)，H19-1-基礎-問4(1)

問い3	答え
図において，電気通信回線への入力電力が65ミリワット，その伝送損失が1キロメートル当たり1.5デシベル，増幅器の利得が50デシベルのとき，電力計の読みは □ ミリワットである。ただし，入出力各部のインピーダンスは整合しているものとする。 40〔km〕 発振器 ～　電気通信回線　増幅器　Ｗ 電力計	①6.5 ②65 ③650 R3-1-基礎-問4(1)

解説

　電気通信回線1〔km〕当たりの伝送損失 $L_n = 1.5$ 〔dB/km〕と伝送路長 $\ell = 40$ 〔km〕より，電気通信回線の伝送損失 L 〔dB〕を求めます。本文の式7を変形した式です。

$$L = L_n 〔dB/km〕 \times \ell 〔km〕 = 1.5 〔dB/km〕 \times 40 〔km〕 = 60 〔dB〕$$

　増幅器の利得 $G = 50$ 〔dB〕と伝送損失 $L = 60$ 〔dB〕より，全体の利得 P 〔dB〕を求め

ます。本文の式5です。

$$P = G - L = 50 - 60 = -10 \text{ (dB)}$$

P_{in}〔mW〕と P_{out}〔mW〕から全体の利得 P〔dB〕を求める本文の式1へ，$P_{in} = 65$〔mW〕と P = -10〔dB〕を代入します。

$$P \text{ (dB)} = 10 \log_{10} \frac{P_{out} \text{ (mW)}}{P_{in} \text{ (mW)}} \quad \Rightarrow \quad -10 \text{ (dB)} = 10 \log_{10} \frac{P_{out} \text{ (mW)}}{65 \text{ (mW)}}$$

本文の式3dより次の式になります。

$$\frac{P_{out} \text{ (mW)}}{65 \text{ (mW)}} = \frac{1}{10} \quad \Rightarrow \quad P_{out} \text{ (mW)} = 65 \text{ (mW)} \times \frac{1}{10} = 6.5 \text{ (mW)}$$

また，本文の式3dを使用しない解き方は，式を変形した後，対数を指数に変換して求める本来の方法があります。

$$-1 = \log_{10} \frac{P_{out} \text{ (mW)}}{65 \text{ (mW)}} \quad \Rightarrow \quad \frac{P_{out} \text{ (mW)}}{65 \text{ (mW)}} = 10^{-1} \quad \Rightarrow \quad \frac{P_{out} \text{ (mW)}}{65 \text{ (mW)}} = 0.1$$

$$\Rightarrow \quad P_{out} = 65 \text{ (mW)} \times 0.1 \quad \Rightarrow \quad P_{out} = 6.5 \text{ (mW)}$$

【解答：①】

類似問題 H30-2-基礎-問4(1)，H21-1-基礎-問4(1)，H18-1-基礎-問4(1)

問い4	答え
図において，電気通信回線への入力電力が150ミリワット，電気通信回線の長さが □ キロメートル，その伝送損失が1キロメートル当たり1.5デシベル，増幅器の利得が50デシベルのとき，電力計の読みは15ミリワットである。ただし，入出力各部のインピーダンスは整合しているものとする。 [図：発振器 ~ 電気通信回線 [km] 増幅器 (W) 電力計] R1-2-基礎-問4(1)	①20 ②40 ③60

解説

電気通信回線全体の入力と出力の利得 P〔dB〕を求める式を立てます。本文の式1で

す。

$$P = 10 \log_{10} \frac{P_{out} \, (mW)}{P_{in} \, (mW)} \, (dB) = 10 \log_{10} \frac{15 \, (mW)}{150 \, (mW)} \, (dB) = 10 \log_{10} \frac{1}{10} \, (dB)$$

Pは本文の式3dより-10〔dB〕になります。

$$P = 10 \log_{10} \frac{1}{10} \, (dB) = \text{-}10 \, (dB)$$

全体の利得P = -10〔dB〕と増幅器の利得G = 50〔dB〕より、伝送損失L〔dB〕を求めます。本文の式5を変形して式を作ります。

$$P = G - L \, (dB) \quad \Rightarrow \quad L = G - P = 50 - (\text{-}10) = \textbf{60} \, (dB)$$

電気通信回線1〔km〕当たりの伝送損失L_n = 1.5〔dB/km〕と伝送損失L = 60〔dB〕より、伝送路長ℓ〔km〕を求めます。本文の式7を変形した式です。

$$\ell = \frac{L \, (dB)}{L_n \, (dB/km)} = \frac{60 \, (dB)}{1.5 \, (dB/km)} = \textbf{40} \, (km)$$

【解答：②】

問い5	答え
0.1ミリワットの電力を絶対レベルで表すと ⬚ 〔dBm〕である。	①0.1 ②-1 ③-10 <div align="right">H21-2-基礎-問4(4)</div>

解説

電力〔mW〕から絶対レベル〔dBm〕への変換は本文の式8です。絶対レベル〔dBm〕は、1〔mW〕を基準としたレベルになります。

$$絶対レベル = 10 \log_{10} \frac{P \, (mW)}{1 \, (mW)} \, (dBm)$$

P = 0.1〔mW〕を式へ代入します。

$$絶対レベル = 10 \log_{10} \frac{0.1 \, (mW)}{1 \, (mW)} = 10 \log_{10} \frac{1}{10} \, (dBm)$$

本文の式3dより次の式になります。

$$絶対レベル = 10 \log_{10} \frac{1}{10} = 10 \times (\text{-}1) = \textbf{-10} \, (dBm)$$

なお，上記対数は次の結果になります。　　$\log_{10} \dfrac{1}{10} = \log_{10} 10^{-1} = -1$

【解答：③】

類似問題 > H30-2-基礎-問4(4)，H26-2-基礎-問4(4)

No.05 | 伝送理論

→アナログ信号のデジタル信号変換

問い1	答え
4キロヘルツ帯域幅の音声信号を8キロヘルツで標本化し，64キロビット/秒で伝送するためには，1標本当たり，□□□□ビットで符号化する必要がある。	①8 ②16 ③32 <div align="right">R2-2-基礎-問5(2)</div>

解説

本文の「◆伝送の帯域」より，標本化周波数〔kHz〕，量子化データのビット幅〔bit〕と伝送に必要な帯域〔kbps〕の関係は，次の式2になります。

帯域〔kbps〕＝標本化周波数〔kHz〕×ビット幅〔bit〕　・・・・・式2

設問の標本化周波数＝8〔kHz〕と伝送に必要な帯域64〔kbps〕より，量子化データの1標本当たりのビット幅〔bit〕は次の計算になります。

ビット幅〔bit〕＝帯域〔kbps〕÷標本化周波数〔kHz〕
　　　　　　　＝64〔kbps〕÷8〔kHz〕＝8〔bit〕

【解答：①】

類似問題　H30-2-基礎-問5(2)，H23-1-基礎-問5(3)，H19-2-基礎-問5(3)

→ 多重化と多元接続

問い1	答え
6メガビット／秒の伝送が可能な回線を利用すると，4,800ビット／秒の信号を最大 □ チャネルまで多重化することができる。	① 1,250 ② 2,500 ③ 5,000 H20-2-基礎-問5(3)

解説

　伝送回線の速度〔bps〕，1チャネルの速度〔bps〕より，多重化できるチャネル数〔チャネル〕は次の式で求められます。

　　チャネル数〔チャネル〕＝伝送回線の速度〔bps〕÷1チャネルの速度〔bps〕

　計算を簡素化するために伝送回線の速度と1チャネルの速度の単位を〔kbps〕に合わせます。結果は次のとおりです。
　伝送回線の速度　　6〔Mbps〕＝6,000〔kbps〕
　1チャネルの速度　4,800〔bps〕＝4.8〔kbps〕

　各値を計算式へ代入してチャネル数を求めます。

　　チャネル数＝伝送回線の速度〔bps〕÷1チャネルの速度〔bps〕
　　　　　　　＝6,000〔kbps〕÷4.8〔kbps〕＝1,250〔チャネル〕

【解答：①】

索　引

さ

し

す

せ

● 著者プロフィール

木下 稔雅（きのした としまさ）

日本電子専門学校 講師

1981 年明治大学工学部工学研究科前期博士課程修了。同年、日本電気株式会社へ入社。ネットワークシステムのハードウェア開発、システム開発、ネットワーク SE の業務に従事。1991 年に本校へ転職し、ネットワーク分野、電子分野、電力分野の学科長に従事。2018 年より現職。

保有資格：「工事担任者総合種」、「第三種電気主任技術者」、「第二種電気工事士」、「第一種電気工事士（試験合格）」など。

著書：『電気通信教科書 工事担任者 DD 第 1 種 合格ガイド』（翔泳社）、『イチから理解する太陽光発電－電気理論編－』（リックテレコム）『イチから理解するスマートハウズー蓄電池 HEMS ZEH 編－』（リックテレコム）など。

装丁・本文デザイン　植竹 裕（UeDESIGN）
カバーイラスト　　　カワチ・レン
DTP　　　　　　　　株式会社 明昌堂

電気通信教科書 工事担任者
第 2 級デジタル通信 テキスト&問題集

2022 年 1 月 25 日　初版第 1 刷発行

著　　者	木下 稔雅
発行人	佐々木 幹夫
発行所	株式会社 翔泳社（https://www.shoeisha.co.jp）
印　　刷	昭和情報プロセス株式会社
製　　本	株式会社国宝社

©2022 Toshimasa Kinoshita